E + S

Schlotthauer

12. 6. 1992

Der Neandertaler

KUNST UND ALTERTUM AM RHEIN

Führer des Rheinischen Landesmuseums Bonn
herausgegeben im Auftrag des Landschaftsverbandes Rheinland

Nr. 118

Gerhard Bosinski

Der Neandertaler und seine Zeit

Rheinland-Verlag GmbH · Köln
in Kommission bei
Dr. Rudolf Habelt GmbH · Bonn

Gedruckt mit Mitteln des Landschaftsverbandes Rheinland

Redaktion: G. Hellenkemper Salies

Umschlagentwurf: J. Kraft, Photo H. N. Loose
Lithos: Peukert und Co., Köln
Druck: Bercker Kevelaer
ISBN 3-7927-0788-8

INHALT

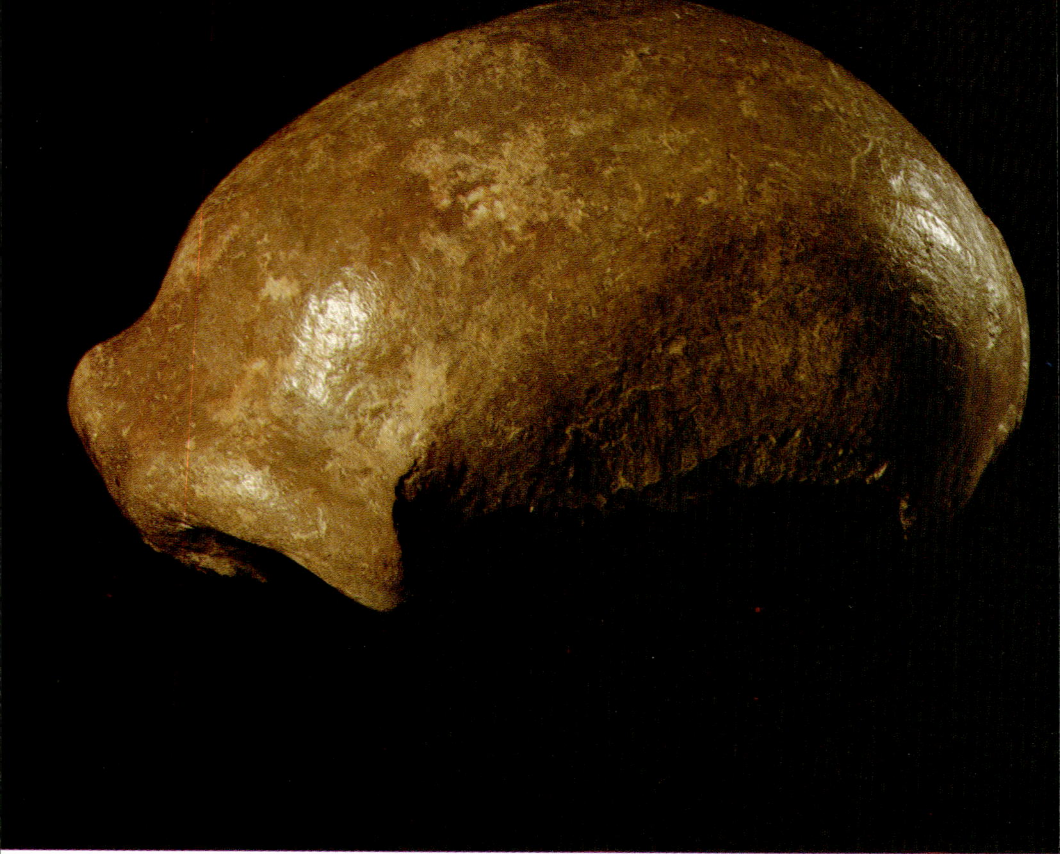

Schädelkalotte des Neandertalers im Rheinischen Landesmuseum Bonn (Photo H. N. Loose).
'Der Fund besteht in einer Anzahl zusammengehöriger menschlicher Gebeine, die . . .
einem urtypischen Individuum unseres Geschlechtes einstens angehört haben'
(Johann Carl Fuhlrott in seinem Fundbericht, 1859).

Das Neandertal einst und heute

Östlich von Erkrath durchschneidet die Düssel kurz vor ihrem Eintritt in das breite Rheintal devonische Kalke (Abb. 1). Hier hatte sich der Fluß tief in ein schluchtartiges Tal eingegraben (Taf. 1). Dieser Teil des Düsseltales hieß das 'Gesteins' oder die 'Hunsklipp'. Es war eine typische Karstlandschaft; das Wasser hatte zu beiden Seiten des Tales tiefe Höhlen ausgewaschen. Die größte und bekannteste dieser Höhlen war die Neanderhöhle (Taf. 2), ein 27 m langer Tunnel mit zwei Öffnungen auf dem rechten Düsselufer.

Der reformierte Prediger und Dichter Joachim Neander (1650-1680; Taf. 3) hat das 'Gesteins' von Düsseldorf aus oft aufgesucht und hier so eindringlich gewirkt, daß dieser malerische Talabschnitt später 'Neandertal' genannt wurde. Maler der Düsseldorfer Malerakademie haben das ursprüngliche Neandertal und das Aussehen der Neanderhöhle, in der sie gelegentlich Feste feierten, in mehreren Bildern festgehalten (Taf. 4).

Das einstige Neandertal ist durch den Kalkabbau seit der Mitte des vorigen Jahrhunderts zerstört worden (Taf. 5). Heute ist es ein breiter Steinbruch, durch den die Düssel und – auf der Straße von Erkrath nach Mettmann – ein reger Verkehr fließen (Taf. 7). Einzig ein Teil der Vorderfront des 'Rabensteins', einer ehemals steil zur Düssel hin abfallenden Felsklippe, blieb als ein trauriger Rest erhalten.

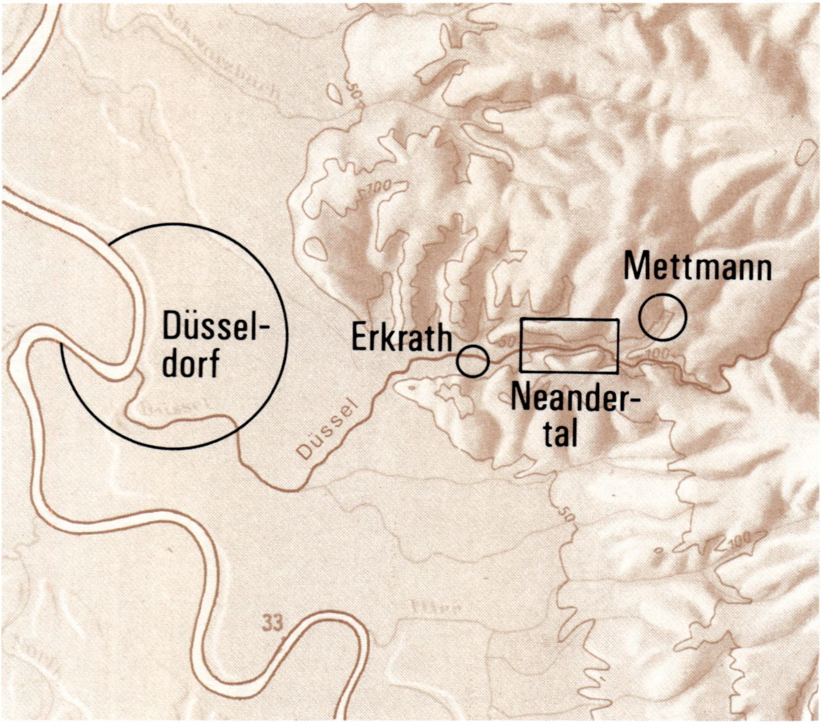

Abb. 1. Die Lage des Neandertals im Tal der Düssel.

Literaturhinweise

J. H. Bongard, Wanderung zur Neandershöhle. Eine topographische Skizze der Gegend von Erkrath an der Düssel (Düsseldorf 1835; Nachdruck Remscheid, o. J.).

K. Klockenhoff, Rund um das Neandertal (Mettmann 1967).

H. Ackermann, Joachim Neander. Sein Leben – seine Lieder – sein Tal (Düsseldorf 1980).

Die Entdeckung des Neandertalers

Gegenüber der Neanderhöhle, auf dem linken Düsselufer, lagen in einer halbkreisförmigen Erweiterung des Tals etwa in halber Höhe des Kalkfelsens zwei kleine Höhlen: die Feldhofer Kirche und die Kleine Feldhofer Grotte (vgl. Taf. 7). Beide Höhlen gehörten zum Gelände des noch heute bestehenden Feldhofes. Das spitzbogige Portal der Feldhofer Kirche ist auf dem von J. H. Bongard 1835 abgebildeten Stich gegenüber vom 'Neanderstuhl' als dunkle Öffnung zu erkennen (Taf. 1). Die Kleine Feldhofer Grotte lag rechts davon; ihr flacher unscheinbarer Eingang mündete auf die gleiche Feldstufe wie das Portal der Feldhofer Kirche.

Johann Carl Fuhlrott beschrieb 1865 die Höhlen folgendermaßen:

> "Zwei von den Grotten des Neanderthals, die zur Unterscheidung von den übrigen die 'Feldhofer Grotten' hießen, lagen auf der Südseite ziemlich in der Mitte der Schlucht in dem fast senkrecht aufstrebenden Abhange einer halbkreisförmigen Einbuchtung, 60 Fuß über der Thalsohle und 100 Fuß unter dem oberen Rande des Abhanges, so wie 100-110 Fuß vom Düsselbache entfernt. Sie mündeten, die größere mit portalähnlichem Eingange in der Richtung nach Westen, die kleinere nach Norden auf eine vorliegende schmale Terrasse, auf welche und zu den Grotten man über den südlichen Rand der Schlucht gelangen konnte. In die größere konnte man eintreten, in die kleinere nicht, da die Mündung der letzteren nur durch eine niedrige, segmentartige oder halbkreisförmige Oeffnung markirt war, durch welche dem Blicke des wißbegierigen Besuchers von der gewölbten Decke und den eigentlichen Dimensionen der Grotte nur ein geringer Theil sichtbar war".
>
> „Schon im Sommer 1856 war die Zerstörung der Felswände auf

der linken Schluchtseite bis zum Abbruch der der Feldhofer Grotte vorliegenden schmalen Terrasse vorgeschritten, und dadurch die bis dahin größten Theils unsichtbare Mündung der kleineren Grotte in ihrem ganzen, 8 Fuß im Lichten messenden Umfange bloßgelegt worden. Es fand sich, daß der bei Weitem größere Theil des nach Innen keilförmig verjüngten, etwa 15 Fuß langen Grottenraumes von einem über 6 Fuß mächtigen, compacten Lehmlager gefüllt war".

Diese lehmige Füllung störte beim Kalkabbau; sie wurde deshalb im August 1856 von zwei Arbeitern ausgeräumt und auf die 15 m tiefer liegende Talsohle hinabgeworfen. Dabei wurden in der Kleinen Feldhofer Grotte die menschlichen Knochen entdeckt. Auch hier ist der Text aus dem Fundbericht von Johann Carl Fuhlrott 1859 die einzige authentische Quelle:

„Ich erwähne zunächst die Auffindung der Gebeine und die Umstände, von denen dieselbe begleitet war, wobei ich mich theils auf die eigene Kenntniss des Fundortes in seinem früheren Zustande, theils auf Mittheilungen der Herren Wilh. Pieper und Beckershoff, Mitbesitzer der Neanderthaler Steinbrüche, insbesondere aber auf die Aussagen zweier Arbeiter beziehe, welche die Grotte ausgeräumt und die fraglichen Gebeine aufgefunden haben, und die an Ort und Stelle von dem Herrn Dr. Meisenburg aus Elberfeld und mir umständlich darüber vernommen wurden. – Darnach hatte das beinahe trockene und in der oberen Lage (wie sich die Arbeiter ausdrückten) steinharte Lehmlager eine horizontale Oberfläche und an den tiefsten Stellen der Grotte höchstens 6 Fuß Mächtigkeit, war aber weder an der Oberfläche mit Kalksinter überzogen, noch irgendwo durch eine dünne Lage dieses Minerals in Schichten gesondert, sondern bildete, wenn man von den sparsam darin vertheilten rundlichen Hornsteinen absieht, eine gleichartige, dicht zusammenhängende Masse. Auf die Gebeine stieß man etwa 2 Fuss tief unter der Oberfläche. Sie lagen, wie sich bei der fortschreitenden Arbeit ergab, in der Längenrichtung der Grotte horizontal hingestreckt, mit dem Schädel nach der Mündung gewendet, wurden aber wegen der festanklebenden Lehmhülle, die sie umgab, anfänglich so wenig erkannt und beachtet, dass sogar die Schädeldecke mit dem losgehackten Lehmschutt von dem vorliegenden Plateau in die Tiefe hinunter geworfen und erst nach Auffindung der Armknochen – und nachdem Herr Bekkershoff, der zufällig in diesem Augenblick zur Stelle kam, den Arbeitern die Aufbewahrung aller Knochen, die sie fänden, anempfohlen hatte – nebst einigen Rippenfragmenten aus diesem Schutt wieder hervor gesucht wurde. Unter diesen Umständen ist es erklärlich, dass von einem möglicher Weise vollständig vorhandenen Skelette ausser der genannten Schädeldecke und einem ansehnlichen Beckenfragmente vorzugsweise nur die grösseren Bestandtheile der Gliedmassen gerettet, die kleineren dagegen so wie namentlich auch alle Gesichtsknochen und Wirbel in ihrer Lehmhülle nicht erkannt und mit dem Schutt weggeschafft wurden. Es ist dabei nicht uninteressant, dass man – bei der auffallend abnormen Beschaffenheit der Schädeldecke und in Rücksicht auf das bekannte Vorkommen thierischer Überreste in anderen Höhlen – nicht menschliche, sondern Höhlenbären-Knochen aufgefunden zu haben glaubte, und dass ich diesem Irrthum wahrscheinlich die Acquisition des Neanderthaler Fundes zu verdanken habe. In meinen Besitz kamen diese Knochen Ende August 1856 durch Herrn Wilh. Pieper auf Hochdahl, der die Güte hatte, mich von dem Funde zu benachrichtigen und zur Besichtigung und Empfangnahme desselben dorthin einzuladen. An verschiedenen Zeitungsberichten, die bald darauf über den Fund veröffentlicht wurden und die mir das Verdienst einer wichtigen Entdeckung vindiciren wollten, habe ich keinen Antheil gehabt".

Der letzte Satz dieses Textes von J. C. Fuhlrott ist nicht unwichtig, denn die ersten Zeitungsmeldungen über den Fund von Anfang September 1856 stellten die Entdeckungsgeschichte etwas anders dar und gaben zugleich eine anthropologische Einordnung (Abb. 2).

Johann Carl Fuhlrott (1803-1877; Taf. 6) war Naturforscher und Lehrer in Elberfeld. Die ihm übergebenen Funde bestanden aus dem Schädeldach, beiden Oberschenkelknochen, dem rechten Oberarmknochen mit zugehöriger Speiche, dem linken Oberarmknochen und

×* **Mettmann**, den 4. Sept. Im benachbarten Neanderthale, dem sogenannten Gesteins, ist in den jüngsten Tagen ein überraschender Fund gemacht worden. Durch das Wegbrechen der Kalkfelsen, das freilich vom pittoresken Standpunkte nicht genug beklagt werden kann, gelangte man an eine Höhle, welche im Lauf der Jahrhunderte durch Thonschlamm gefüllt worden war. Bei dem Hinwegräumen dieses Thons fand man ein menschliches Gerippe, das zweifelsohne unberücksichtigt und verloren gegangen, wenn nicht glücklicherweise Dr. Fuhlrott von Elberfeld den Fund gesichert und untersucht hätte.

Nach Untersuchung dieses Gerippes, namentlich des Schädels, gehörte das menschliche Wesen zu dem Geschlechte der Flachköpfe, deren noch heute im amerikanischen Westen wohnen, von denen man in den letzten Jahren auch mehrere Schädel an der oberen Donau bei Siegmaringen gefunden hat. Vielleicht trägt dieser Fund zur Erörterung der Frage bei: ob diese Gerippe einem mitteleuropäischen Urvolke oder blos einer (mit Attila?) streifenden Horde angehört haben.

Abb. 2. Die erste Zeitungsnotiz über den Neandertal-Fund.
Elberfelder Zeitung vom 6. September 1856.

der linken Elle, einem Fragment des rechten Schulterblatts, dem rechten Schlüsselbein, der linken Beckenhälfte sowie fünf Rippen (Abb. 3). Ursprünglich hatte es sich wahrscheinlich um ein vollständiges Skelett gehandelt, das in Längsrichtung der Höhle, mit dem Kopf zum Eingang hin und 60 cm tief in der Höhlenfüllung lag. So geht es aus Fuhlrotts Fundbericht von 1859 hervor. Wenn Fuhlrott dies später (1865) bestreitet, so aus seiner inzwischen entstandenen Vorstellung über den Einbettungsvorgang heraus in der Absicht, für die Menschenknochen aus der Kleinen Feldhofer Grotte die gleichen Fundverhältnisse wie für die in anderen Höhlen gefundenen 'fossilen' Tierknochen, die auch nicht im Skelettzusammenhang angetroffen werden, herauszustellen.

Hinweise auf Steinwerkzeuge oder Tierknochen, wie sie sonst von allen anderen Fundplätzen von Neandertalern bekannt sind und wohl auch in der Kleinen Feldhofer Grotte vorhanden waren, fehlen.

Fuhlrott erkannte die besondere Bedeutung des Fundes:

> „Bei der auffallend abnormen Gestalt des vorliegenden Schädelfragments und bei der anscheinenden Wichtigkeit des Fundes

Abb. 3. Erhaltene Teile des Neandertal-Fundes. Zeichnung von G. Wandel.

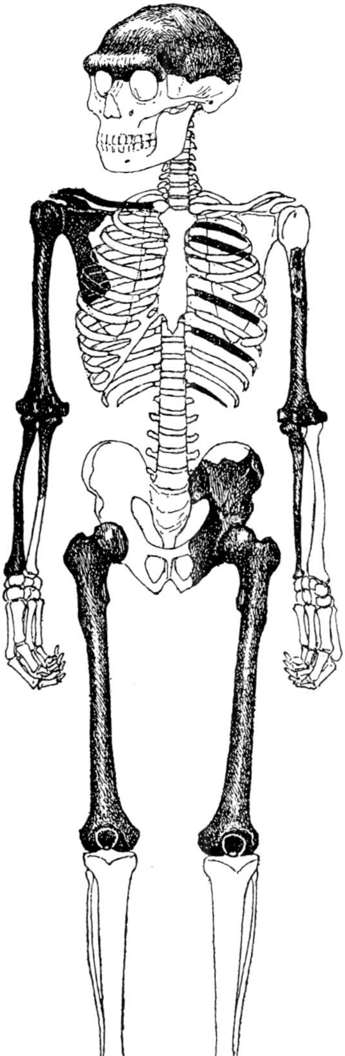

überhaupt, hielt ich den Beirath von Fachmännern und eine vergleichende anatomische Untersuchung des Fundes vor Allem für sachgemäß".

Er brachte die Knochen deshalb zu Hermann Schaaffhausen (Taf. 8) nach Bonn, der eine Untersuchung durchführte. Erst danach und mit Bezug auf die Beurteilung Schaaffhausens berichtete Fuhlrott 1857 in Bonn auf der Generalversammlung des Naturhistorischen Vereins der Preußischen Rheinlande und Westphalens über den Neandertal-Fund. Auch hier muß Fuhlrott mit seinen maßvoll abwägenden Worten selbst gehört werden:

„Der Fund besteht in einer Anzahl zusammengehöriger menschlicher Gebeine, die durch die Eigenthümlichkeit ihres osteologischen Charakters und die localen Bedingungen ihres Vorkommens die Ansicht rechtfertigen können, daß sie aus der vorhistorischen Zeit, wahrscheinlich aus der Diluvialperiode stammen und daher einem urtypischen Individuum unseres Geschlechtes einstens angehört haben. Da die Tragweite einer solchen Ansicht zur Zeit noch zur sorgfältigsten Prüfung ihres Gegenstandes verpflichtet, für die Begründung derselben aber, abgesehen von der Beschaffenheit des Fundes, die Art und die näheren Umstände der Auffindung, so wie zumal die localen Verhältnisse des Fundorts von maßgebender Bedeutung sind, so brauche ich die umständliche Ausführlichkeit wohl nicht zu entschuldigen, mit der ich diese Verhältnisse beschrieben habe".

Besonders die abweichende Form des Schädeldaches mit den starken Überaugenbögen und der flachen Stirn (Abb. 4) brachte Fuhlrott zu der Überzeugung, daß es sich um einen urtümlichen Menschen handele, der einer uns vorangehenden Menschenform angehörte.

Die wissenschaftliche Beschreibung des Neandertal-Fundes verfaßte H. Schaaffhausen. Die Knochen stammen von einem kräftig gebauten, 1,60 m großen Mann. Überstandene Schädelverletzungen und bereits in der Jugend eine Verwundung am linken Arm, die zu einer Verkürzung der Elle und einer Knochenwucherung am Gelenk führte und das vollständige Beugen und Strecken des linken Armes unmöglich machte, bezeugen ein bewegtes Leben.

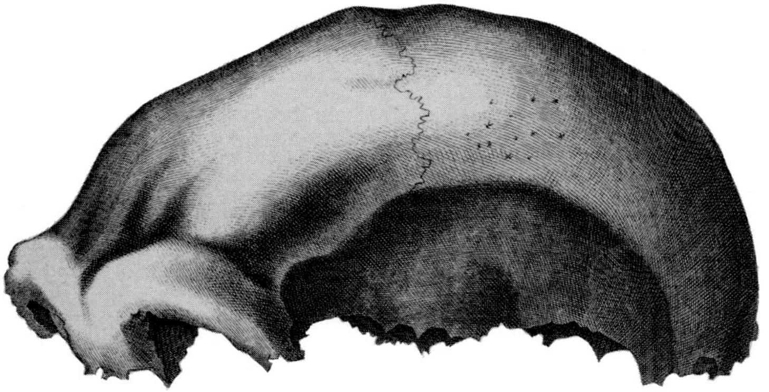

Abb. 4. Die Schädelkalotte aus dem Neandertal. Nach J. C. Fuhlrott.

Der Berliner Anatom und Prähistoriker Rudolf Virchow hat die Skelettreste ebenfalls anatomisch untersucht und an ihnen krankhafte Veränderungen und Spuren ausgeheilter Verletzungen, so einer Bißverletzung am Arm, festgestellt. Außerdem hat der etwa 60jährige Mann erheblich an Rachitis gelitten. Anders als Fuhlrott und Schaaffhausen wertete Virchow die abweichenden Merkmale der Knochen nicht als Hinweis auf eine frühere, ausgestorbene Menschenform, sondern als krankhafte Veränderung.

Der Fund aus dem Neandertal führte zu einer lebhaften Diskussion, die weit über das wissenschaftliche Fachgebiet hinausdrang und von großer geistesgeschichtlicher Bedeutung war. Dabei ist wichtig und festzuhalten, daß die Zeit nun reif für eine derartige Diskussion war. Der Beweis für die Existenz des 'fossilen Menschen' und für seine Gleichzeitigkeit mit heute ausgestorbenen Tieren war eigentlich bereits früher, besonders durch die Forschungen von Philippe-Charles Schmerling (1791–1836; Taf. 9) in den Höhlen von Engis bei Lüttich, erbracht worden, doch diese Entdeckungen haben längst nicht den Widerhall gehabt wie der Neandertal-Fund. Dabei hatte Schmerling die menschlichen Knochen in unbestreitbarer Vergesellschaftung mit Tierknochen des Eiszeitalters gefunden, während Fuhlrott sich nur allgemein auf die Lage der Knochen im Höhlensediment und auf die abweichende Form des Schädeldaches stützen konnte. Die weit über die Fachwelt hinausgreifende Diskussion um den Neandertal-Fund ist in engem Zusammenhang mit den in jenen Jahren erschienenen Arbeiten von Charles Darwin zu sehen. Die von Darwin beschriebene Entstehung der Lebewesen und auch des Menschen durch eine Entwicklung, bei der nur das Zweckmäßige überlebt und zur Grundlage des Weiteren wird, diese grausame Wahrheit und die oft hilflose und deshalb laute Abwehr der Abstammungslehre haben den Fund aus dem Neandertal berühmt gemacht.

Einen endgültigen Beweis für die Existenz der Menschenform des 'Neandertalers' gab es erst 1886, neun Jahre nach Fuhlrotts Tod, als in der Höhle von Spy in Belgien zwei menschliche Skelette entdeckt wurden, die die gleichen anatomischen Merkmale wie der Neandertal-Fund zeigten. Erst jetzt war es völlig sicher, daß das Schädeldach aus dem Neandertal nicht krankhaft verändert ist, sondern charakteristische Merkmale einer ausgestorbenen Menschenform zeigt. In der Folgezeit ist dies durch neue Funde vielfach bestätigt worden.

Literaturhinweise

J. C. Fuhlrott, Menschliche Ueberreste aus einer Felsengrotte des Düsselthals. Verhandlungen des naturhistorischen Vereins der preussischen Rheinlande und Westphalens 16, 1859, S. 131–153.

J. C. Fuhlrott, Der fossile Mensch aus dem Neanderthal und sein Verhältniß zum Alter des Menschengeschlechts (Duisburg 1865).

R. Virchow, Untersuchung des Neanderthal-Schädels. Zeitschrift für Ethnologie, Verhandlungen 4, 1872, S. 157–165.

H. Schaaffhausen, Der Neanderthaler Fund (Bonn 1888).

W. Bürger, Johann Carl Fuhlrott, der Entdecker des Neandertalmenschen. Beiträge zur Geschichte und Heimatkunde des Wuppertals, Band 2 (Wuppertal 1946).

K. J. Narr und R. von Uslar, J. C. Fuhlrott und der Neandertaler, in: K. Tackenberg (Hrsg.), Der Neandertaler und seine Umwelt. Bonner Jahrbücher, Beiheft 5 (Bonn 1956) S. 9–31.

K. J. Narr, Der Neandertal-Fund und die Abstammungslehre. Forschungen und Fortschritte 31, 1957, S. 321–325.

Die Zeit der Neandertaler

Wir wissen heute, daß der Neandertaler eine Menschenform aus dem jüngeren Teil des Eiszeitalters ist. Das Eiszeitalter (Pleistozän) umfaßt eine Folge von Kaltphasen, die Eiszeiten, zwischen denen wärmere Abschnitte, die Warmzeiten, liegen. Die Eiszeiten waren nicht gleichbleibend kalt, sondern durch mehrere gemäßigtere Phasen, die Interstadiale, unterteilt. In den Eiszeiten drangen die Gletscher von Skandinavien bis nach Mitteleuropa vor, und auch die Gebirge, besonders die Alpen, sandten ihre Gletscher ins Vorland hinab. Vor den Gletschern erstreckten sich ausgedehnte, von den sommerlichen Schmelzwässern abgelagerte Sandflächen (Sander). Weiter vom Eis entfernt lagerte der Wind staubfeines Material aus den Sandern und aus den freiliegenden Flußtälern ab, den Löß. Das Eiszeitklima Mitteleuropas war kontinental mit wenigen Niederschlägen, kalten Wintern und verhältnismäßig warmen Sommern. Frostspalten (Eiskeile) und Bodenfließen (Solifluktion) belegen für die besonders kalten Phasen einen Dauerfrostboden.

Die Warmzeiten waren deutlich kürzer als die Eiszeiten. In Mitteleuropa spannte sich in den Warmzeiten ein Vegetationsbogen, beginnend mit einer Birken-Kiefern-Phase, über einen Abschnitt mit Haselhainen, dann Eichenmischwald (mit Eiche, Ulme und Linde als bestimmenden Bäumen), über ein Klimaoptimum mit Hainbuchen und mittelmeerischen Florenelementen (Weinrebe, Buchsbaum, Flügelnuß) bis zur Kiefern-Birken-Phase am Ende der Warmzeit. Die Gegenwart ist ebenfalls eine Warmzeit des Eiszeitalters.

Der 'klassische' Neandertaler, zu dem unser Neandertal-Fund gehört, lebte im ersten Teil der letzten Eiszeit (Würm- oder Weichseleiszeit), etwa in der Zeit zwischen 80 000 und 40 000 vor heute (Abb. 5). Die Menschen aus der vorhergehenden Warmzeit (Riß/Würm- oder Eem-Warmzeit) und aus der vorletzten Eiszeit (Riß- oder Saale-Eiszeit) werden meist als 'Prae-Neandertaler' oder 'Ante-Neandertaler' bezeichnet. Dabei zeigen die Prae-Neandertaler die speziellen Neandertaler-Merkmale weniger deutlich als die Menschen am Anfang der letzten Eiszeit; in ihrer weniger spezialisierten Form sind sie dem heutigen Menschen in einigen Punkten ähnlicher als die klassischen Neandertaler. Es gibt jedoch keine klare Grenze zwischen Prae-Neandertalern und klassischen Neandertalern, und es ist auch die vorherrschende Auffassung, daß sich die klassischen Neandertaler aus den Prae-Neandertalern entwickelten. Hinzu kommt, daß der archäologische Fundstoff vom Beginn der vorletzten Eiszeit (Riß- oder Saale-Eiszeit) bis zur Mitte der letzten Eiszeit (Würm- oder Weichsel-Eiszeit) eine Einheit bildet – das Mittelpaläolithikum –, so daß innerhalb dieser Zeit keine sinnvolle Grenze gezogen werden kann. Deshalb werden hier die Prae-Neandertaler und klassischen Neandertaler als eine Menschenform zusammengefaßt. So betrachtet, umfaßt die Zeit der Neandertaler den Zeitraum vom Beginn der vorletzten Eiszeit vor etwa 200 000 Jahren bis hin zur Mitte der letzten Eiszeit vor etwa 40 000 Jahren (Abb. 5).

Vor dem Neandertaler lebte der Homo erectus, dessen Zeit und Kultur, das Altpaläolithikum, mit dem Beginn der vorletzten Eiszeit endet. Nach dem Neandertaler tritt in der Mitte der letzten Eiszeit der Homo sapiens sapiens auf, der unmittelbare Vorfahr des heutigen Menschen. Seine Kultur ist das Jungpaläolithikum. Während die Neandertaler in einer rund 160 000 Jahre langen Zeit lebten, gibt es unsere Menschenform erst seit etwa 40 000 Jahren.

Die Klima- und Umweltverhältnisse waren in der langen Zeit der Neandertaler sehr unterschiedlich. Besonders nördlich der eurasischen Hochgebirge (Alpen – Kaukasus – Himalaya) beeinflußte der Wechsel von Kalt- und Warmzeiten den Lebensraum der Neanderta-

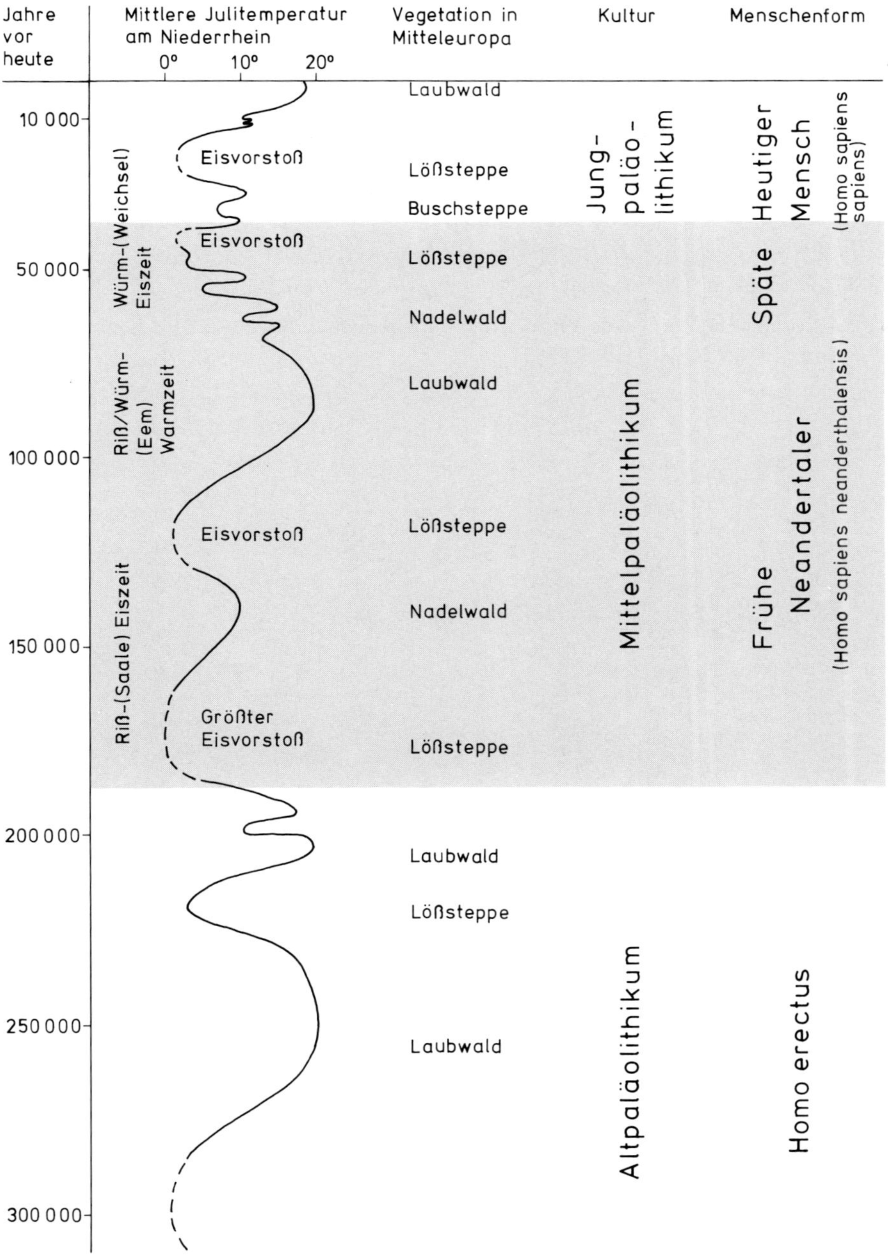

Abb. 5. Die Zeit der Neandertaler.
Schematische Darstellung für das südlichere Mitteleuropa.

ler; günstige und siedlungsfeindliche Abschnitte wechselten miteinander ab.

Literaturhinweise

P. Woldstedt und K. Duphorn (Hrsg.), Norddeutschland und angrenzende Gebiete im Eiszeitalter[3] (Stuttgart 1974).

H. D. Kahlke, Das Eiszeitalter (Leipzig-Jena-Berlin 1981).

G. Bosinski (Hrsg.), Das Eiszeitalter im Ruhrland. Führer des Ruhrlandmuseums Essen Nr. 2 (Köln 1982).

Die Menschenform 'Neandertaler'

Wir kennen heute mehr als 100 Neandertaler-Funde; zu den körperlichen Merkmalen dieser Menschenform gibt es ein umfangreiches Schrifttum. Die deutlichsten Unterschiede zum heutigen Menschen betreffen die Schädelform (Abb. 6; 8). Der Neandertaler hatte über den Augen Knochenwülste. Diese Überaugenbögen sind, wie alle Neandertaler-Merkmale, besonders bei erwachsenen Männern ausgeprägt, bei Frauen und Kindern dagegen schwächer entwickelt.

Die Stirn des Neandertalers war flach, der ganze Schädel weniger aufgewölbt als beim heutigen Menschen, dagegen langgestreckter und am hinteren Ende spitz ausgezogen. Der Querschnitt des Schädels war breit-oval, während er beim heutigen Menschen durch die steileren, parallelen Schläfen eher hausförmig ist (Abb. 8). In diesem Merkmal stehen uns die frühen Neandertaler (Prae-Neandertaler) aus der vorletzten Eiszeit näher als die Spätformen aus dem ersten Teil der letzten Eiszeit. Das Schädelvolumen war groß; mit 1300-1700 ccm übertrifft es mitunter den Durchschnittswert beim heutigen Menschen.

Im Gesicht des Neandertalers fallen zunächst die breite Nasenöffnung und die schräg zur Nase hinführenden Jochbeine auf. Die Wangengruben, die für das Relief unseres Gesichtes wichtig sind, fehlten. Zusammen mit den starken Kiefern und der kräftigen Bezahnung erhielt das Gesicht des Neandertalers so eine vorspringende Nasen-Mund-Partie. Diese Spitzgesichtigkeit mit breiter Nase

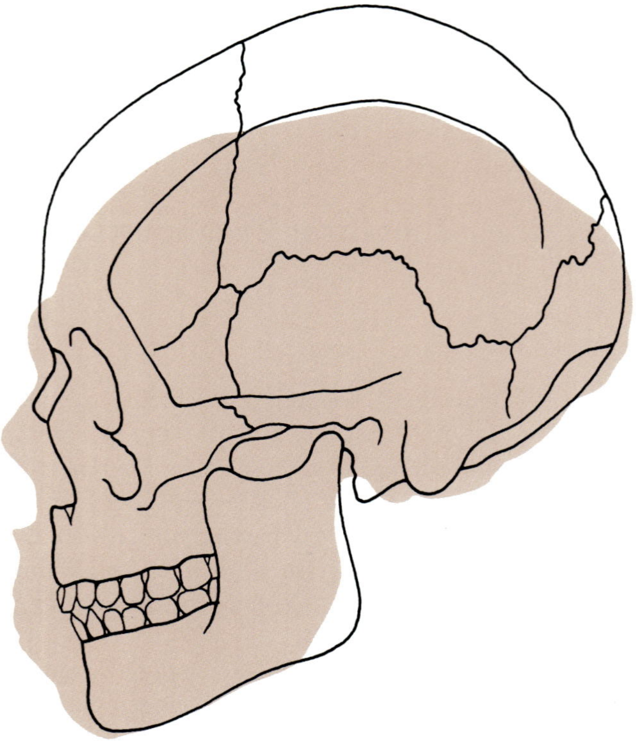

Abb. 6. Der Schädel des Neandertalers von La Chapelle-aux-Saints (braune Fläche) im Vergleich zum Schädel eines heutigen Europäers (schwarze Linien). Nach E. Trinkaus und W. W. Howells.

und großem Mund wurde durch den zurückweichenden Unterkiefer, dem der Kinnvorsprung fehlte, noch verstärkt. Dieses Merkmal ist allerdings nicht bei allen Neandertalerformen ausgeprägt. So hat z. B. ein Neandertaler von La Ferrassie (Dordogne, Frankreich) einen deutlichen Kinnvorsprung.

Es ist schlechter Brauch, die Neandertaler nach ihren extremsten Formen, meist nach dem Schädel eines älteren Mannes aus dem Grab von La Chapelle-aux-Saints (Corrèze, Frankreich), zu beschreiben. Auf solche Art ließe sich auch vom heutigen Menschen leicht ein Zerrbild zeichnen. Damals wie heute gab es in den körperlichen Merkmalen erhebliche Variationsbreiten. Wie bereits gesagt, treten die beschriebenen Merkmale bei Frauen und Kindern auch deutlich gemildert auf.

Verglichen mit dem heutigen Europäer waren die Neandertaler mit einer Körpergröße von meist 1,50-1,60 m im Mittel kleiner, aber untersetzt (Abb. 7). Der Bau des Skeletts unterschied sich nur wenig vom heutigen Menschen.

Nach seinem Körperbau und nach dem, was wir über seine Lebensweise und seine Kultur wissen, fällt der Neandertaler in die Variationsbreite unserer Art, des Homo sapiens. Wenn er sich vom heutigen Europäer auch deutlich unterschieden haben mag, so war dieser Unterschied doch wohl nicht größer als zwischen einem Europäer und einem Buschmann oder einem Ituri-Pygmäen. Entsprechend sieht man heute im Neandertaler eine Form des Homo sapiens, die zur Charakterisierung ihrer besonderen Merkmale als Homo sapiens neanderthalensis bezeichnet wird.

Unklar ist noch, inwieweit der Neandertaler zu den Vorfahren des heutigen Menschen gehörte. Unter dem Eindruck der deutlichen Unterschiede in der Schädelform bei den klassischen Neandertalern vom Anfang der letzten Eiszeit hatte sich die Auffassung gefestigt, daß diese Menschenform eine Sackgasse menschlicher Entwicklung dargestellt habe, von der aus es keine Weiterentwicklung gab. Eher schien es möglich, daß die frühen Neandertaler (Prae-Neandertaler) aus der vorletzten Eiszeit mit ihren weniger spezialisierten Merkmalen unsere Vorfahren seien. Dies würde bedeuten, daß es, ausgehend von den frühen Neandertalern, eine Parallelentwicklung gab, die einmal zum klassischen Neandertaler, zum anderen zum heutigen Menschen führte.

Inzwischen häufen sich die Belege für einen Übergang vom Neandertaler zum Homo sapiens sapiens. In den Gräbern von Mugharet Es-Skhul und Qafzeh in Palästina wurden nebeneinander klassische Neandertalerformen, Formen mit Merkmalen sowohl des Neandertalers als auch des heutigen Menschen und Vertreter des Homo sa-

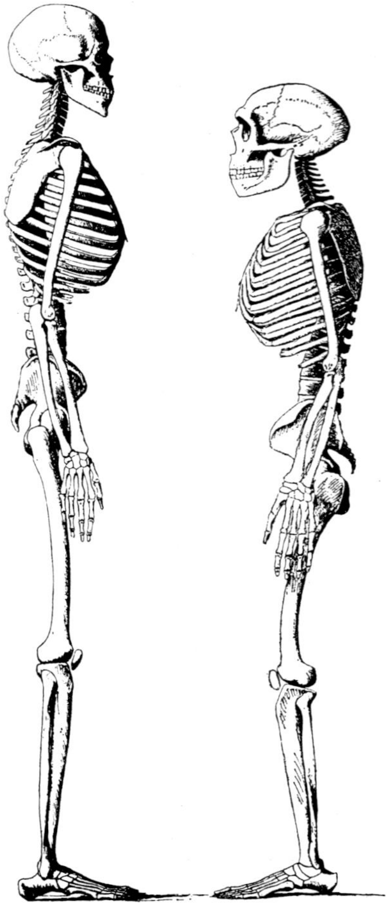

Abb. 7. Skelettvergleich zwischen einem heutigen Europäer (links) und einem Neandertaler (rechts). Zeichnung von G. Wandel.

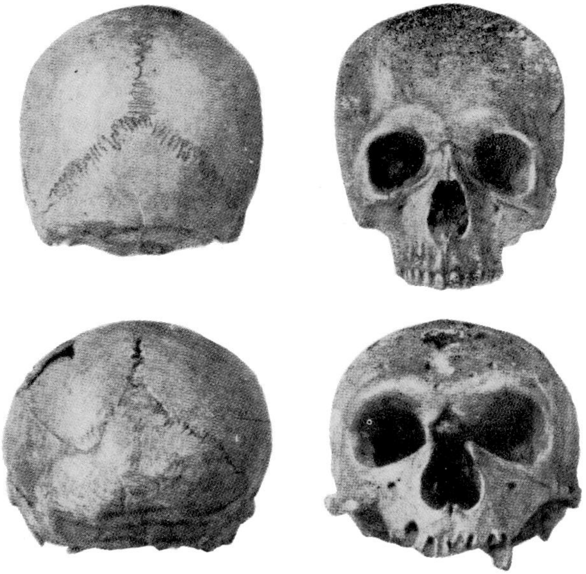

Abb. 8. Vergleich des Neandertaler-Schädels von La Chapelle-aux-Saints (unten) mit dem eines heutigen Europäers (oben). Nach M. Boule.

piens sapiens geborgen. Solange nur die Gräber von Mugharet Es-Skhul bekannt waren, glaubte man, daß hier eine Vermischung der beiden Menschenformen vorliege. Die neuen Funde von Qafzeh zeigen jedoch eher einen Übergang vom Neandertaler zum heutigen Menschen.

Wichtig für die Frage nach der Stellung des Neandertalers in der Entwicklung zum heutigen Menschen ist auch die Definition dieser Menschenform. Wenn wir, wie hier vorgeschlagen, die frühen Neandertaler (Prae-Neandertaler) und die Spätformen zusammenfassen, ist es ohnehin klar, daß diese Menschenform zu unseren Vorfahren gehört. Dabei ist es nicht ausgeschlossen und sogar wahrscheinlich, daß stark spezialisierte Gruppen, wie sie sich möglicherweise in Südwesteuropa im ersten Teil der letzten Eiszeit herausbildeten, ohne eine Möglichkeit zur Weiterentwicklung ausstarben.

Denkbar ist auch, daß solche Gruppen von Menschen effektiverer Kultur ausgerottet wurden; ähnliche Beispiele zeigt die neuere Geschichte nicht nur in Tasmanien und in der Karibik, sondern bis auf den heutigen Tag.

In diesem Zusammenhang darf auch der archäologische Fundstoff nicht übersehen werden. Am Ende der Zeit des Neandertalers gab es in Südwesteuropa, in Osteuropa und im Mittelmeergebiet unterschiedliche Kulturen. Jede dieser Kulturen aus der Spätzeit der Neandertaler findet jedoch ihre Fortsetzung in der folgenden Zeit des Homo sapiens sapiens.

Literaturhinweise

M. Boule und H. V. Vallois, Fossile Menschen (Baden-Baden 1954).

W. Gieseler, Die Fossilgeschichte des Menschen, in: G. Heberer (Hrsg.), Die Evolution der Organismen[2] (Stuttgart 1959) S. 951–1109.

E. Trinkaus und W. W. Howells, Die Neandertaler. Spektrum der Wissenschaft, Februar 1980, S. 81–90.

Rekonstruktionen des Neandertalers

Seit der Entdeckung des Neandertalers und der Diskussion um den 'Urmenschen' gibt es Versuche, unsere Vorfahren im Bild lebendig zu machen. Die großen Unterschiede zwischen den einzelnen Darstellungen spiegeln den Geist der Zeit, in der sie entstanden, mit ihren jeweiligen Auffassungen vom Urahnen wider. Außerdem ist zu unterscheiden, ob es sich um Rekonstruktionen handelt, die die gefundenen Knochen berücksichtigen und zur Grundlage haben, oder um frei empfundene Darstellungen.

Hermann Schaaffhausen bildete in seiner 1888 erschienenen Monographie des Neandertal-Fundes nach einer eingehenden Analyse des Fundmaterials eine Rekonstruktionszeichnung ab (Abb. 9). Da im Neandertal nur die Schädelkalotte gefunden wurde, berücksichtigte Schaaffhausen für die Rekonstruktion des Gesichtes die inzwischen entdeckten Schädel von Spy. Durch die sehr stark vorspringende Nasen-Mund-Partie wirkt Schaaffhausens Rekonstruktion nach heutiger Auffassung etwas zu tierisch, doch hat sie sonst nichts von ihrem Wert und ihrem Wahrscheinlichkeitsgrad eingebüßt.

Unabhängig von den gefundenen Knochen entstand etwa gleichzeitig eine Zeichnung des Urmenschen 'nach der Beschreibung von Ernst Haeckel' von Muston, die ganz Ausdruck der damaligen Vorstellung vom Urmenschen ist (Taf. 10). Es ist ein feingliedriges Wesen, dessen Primitivität sich im wesentlichen auf die vorspringende Mund-Nasen-Region und die Nacktheit beschränkt. In dieser Re-

Abb. 9. Rekonstruktion des Neandertalers
von H. Schaaffhausen, 1888.

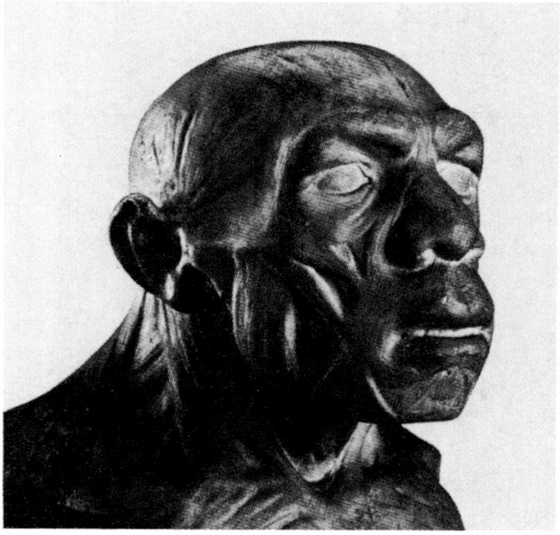

Abb. 10. Rekonstruktion der Kopf- und Halsmuskulatur des Neandertalers
von La Chapelle-aux-Saints von M. Boule, 1913.

konstruktion wird die damals verbreitete Auffassung vom unverbildeten Leben in der Natur, das Naturvölker wie Urmensch gleichermaßen führten, sichtbar.

Im Anschluß an die wissenschaftliche Bearbeitung des 1908 entdeckten Grabfundes von La Chapelle-aux-Saints gibt Marcelin Boule 1913 eine Rekonstruktion des Mannes von La Chapelle, bei der nur die rekonstruierbaren Teile, wie die Gesichtsmuskulatur, wiedergegeben sind (Abb. 10). Behaarung, Mimik und Pigmentierung, die das Aussehen des Menschen erst prägen, wurden weggelassen. Der gleiche Fund von La Chapelle hat in der Folgezeit viele freiere Darstellungen erfahren. 1909 zeichnete François Kupka das furchterregende Bild eines wilden Wesens mit Reißzähnen und dichter Behaarung (Taf. 11). Dieses Bild hat nichts mit dem tatsächlichen Fund zu tun; es kennzeichnet aber den Wandel in der Vorstellung vom Urmenschen. Auch unter dem Eindruck der zunehmenden Erfahrung, daß das Leben der Naturvölker weniger paradiesisch war, als ursprünglich angenommen, entsteht jetzt das Bild des 'fürchterlichen Neandertalers'.

Gerhard Wandel hat 1962 für das Neandertal-Museum eine Rekonstruktion des Mannes von La Chapelle geschaffen, die er über den Abgüssen der Knochen modellierte (Taf. 12). Diese Figur gibt Kopf und Körper so gut wieder, wie es auf der Grundlage der gefundenen Knochen möglich ist. Von Wandel stammen außerdem Zeichnungen und Plastiken von Lebensbildern, die dem tatsächlichen Aussehen dieser Menschen nahekommen dürften (Taf. 13).

Seit einiger Zeit gibt es Verfahren, das Gesicht nach dem Schädel zu rekonstruieren. Diese in der Kriminalistik entwickelten Arbeiten wurden von M. M. Gerassimow auch für die Schädel von Urmenschen durchgeführt. Hier eröffnen sich Möglichkeiten, das Aussehen früherer Menschenformen noch deutlicher zu machen.

Literaturhinweise

G. KURTH, Überlegungen zu Neandertaler-Rekonstruktionen, in: K. TACKENBERG (Hrsg.), Der Neandertaler und seine Umwelt. Bonner Jahrbücher, Beiheft 5 (Bonn 1956) S. 36–48.

G. KURTH, Betrachtungen zu Rekonstruktionsversuchen, in: G. H. R. VON KOENIGSWALD, Hundert Jahre Neanderthaler (Neanderthal Centenary). Bonner Jahrbücher, Beiheft 7 (Bonn 1958) S. 217–230.

M. M. GERASSIMOW, Ich suchte Gesichter. Schädel erhalten ihr Antlitz zurück (Gütersloh 1967).

K. J. NARR, Der 'Bonner Prominente' auf der Düsseldorfer 'Gesolei'. Das Rheinische Landesmuseum Bonn 1/1981, S. 1–5.

Lebensraum und Umwelt

Fundstellen von Neandertalern kennen wir aus der Alten Welt, besonders aber aus dem Mittelmeergebiet, aus Mittelasien sowie aus West-, Mittel- und Osteuropa. Dieses große Gebiet gehört zu unterschiedlichen Klimazonen. Außerdem war das Weltklima in der langen Zeit der Neandertaler beträchtlichen Schwankungen unterworfen.

In den kalten Klimaphasen der vorletzten Eiszeit und der ersten Hälfte der letzten Eiszeit erstreckten sich in Eurasien nördlich der Hochgebirge offene Steppenlandschaften. In extremen Kaltphasen war Mitteleuropa eine zu größeren Teilen von Eis bedeckte, unbewohnte Kältewüste. Da in diesen Abschnitten viel Wasser als Eis gebunden war und der Spiegel des Weltmeeres etwa 100 m tiefer lag, waren die Landflächen größer als heute. Dagegen entsprachen in der letzten Warmzeit die klimatischen Verhältnisse und die Land-Wasser-Verteilung etwa denen der Gegenwart. Je nach geographischer Region und Abschnitt des Eiszeitalters lebten die Neandertaler in sehr unterschiedlichen Umweltverhältnissen. Dabei waren es besonders drei Umweltsituationen, die Lebensweise und Kultur der Neandertaler prägten: der Laubwald des warm-gemäßigten Klimas, der Nadelwald des feucht-kühlen Klimas und die offene Steppenlandschaft des kontinental-trockenen Klimas.

Laubwald des warm-gemäßigten Klimas

Ohne den Einfluß des Menschen wären weite Teile Europas heute von einem dichten Laubwald bedeckt, in dem Eiche, Ulme und Linde vorherrschten. Ein solcher Laubwald bestand auch in der letzten Warmzeit. Das Vorkommen von Buchsbaum und Weinrebe in Mitteleuropa zeigt, daß das Klima etwas wärmer als heute war.

Die Menschen lebten an Quellen und an den Ufern von Flüssen und Seen. Lagen die Siedlungsplätze an kalkhaltigen Quellen, so wurden sie im Laufe der Zeit durch den Kalkabsatz des Wassers mit einer Kalkschicht überdeckt. An solchen Travertin-Fundplätzen, etwa in Ehringsdorf und Taubach im Ilmtal bei Weimar oder in Ganovce in der Slowakei, sind die Siedlungsreste gut erhalten. Allerdings sind die Tier- und Menschenknochen, Steinartefakte und Abdrücke der damaligen Vegetation oft im harten Kalkstein fest verbacken und können nur mit dem Preßlufthammer oder durch Sprengungen freigelegt werden. Ohne solche schützende Überdeckung mit Travertin sind die Siedlungsplätze aus der letzten Warmzeit durch geologische Vorgänge am Anfang der letzten Eiszeit, z. B. durch Bodenfließen (Solifluktion), häufig verlagert und zerstört worden.

Die Verbindungswege waren in dieser dicht bewaldeten Landschaft weitgehend auf die Flußtäler beschränkt. Die Tiere der Wälder – Waldelefant, Nashorn, Hirsch – blieben im wesentlichen standorttreu. Auch das Sammeln pflanzlicher Nahrung war in einem engeren Gebiet möglich. Demzufolge können wir in dieser Umwelt mit einer relativen Seßhaftigkeit der Menschen rechnen.

Nadelwald des feucht-kühlen Klimas

In den Anfangsphasen der vorletzten und der letzten Eiszeit herrschte in West-, Mittel- und Osteuropa ein kühles, feuchtes Klima, in dem ausgedehnte Nadelwälder, vor allem Kiefernwälder, verbreitet waren. Ein solches Biotop kann mit den heutigen Nadelwaldlandschaften im nördlichen Eurasien und in Nordamerika verglichen werden. In diesen Gebieten liegt im Winter viel Schnee, und der Sommer bleibt kühl.

Die Lebensbedingungen sind anders und schwieriger als im Laubwald des warm-gemäßigten Klimas. In den Wäldern gab es Standwild wie Hirsch und Elch. Möglicherweise kamen auch die Rentier-, Pferde-, Wisent- und Mammutherden bei ihren jahreszeitlichen Wanderungen in das Nadelwaldgebiet. Die Möglichkeiten zum Sammeln von Pflanzennahrung waren in dieser Umwelt sehr eingeschränkt.

Steppen des kontinental-trockenen Klimas

In den Kaltphasen der vorletzten und der letzten Eiszeit waren, besonders in Mittel- und Osteuropa, offene Graslandschaften verbreitet, Bäume wuchsen nur in den Flußtälern. Das Klima war trocken mit warmen Sommern und kalten, aber schneearmen Wintern. In unserem Gebiet war dies die Zeit der Lößbildung. Löß ist staubfeines Material, das in einem Trockenklima aus den nicht durch Pflanzenwuchs befestigten, freiliegenden Sandflächen vor der Gletscherstirn und in den Flußtälern vom Wind ausgeblasen und an anderer Stelle wieder abgelagert wurde. An günstigen Stellen sind während der letzten Eiszeit bis zu 30 m Löß gebildet worden. Der kalkhaltige Löß hat oft Siedlungsplätze überdeckt und deren Erhaltung in einer mehr oder weniger umfangreichen Lößfolge bewirkt.

Die Lößsteppen waren sehr wildreich. Hier lebten sowohl Tiere der heutigen Subarktis (Ren) als auch Tiere der Trockensteppen (Pferd, Saigaantilope), dazu heute ausgestorbene Tiere (Mammut, wollhaariges Nashorn). Diese prärieartige Steppe war das klassische Gebiet der in jahreszeitlichem Rhythmus wandernden Rentier-, Pferde- und Wisentherden. Aber auch Mammut und Nashorn dürften jahreszeitliche Wanderungen durchgeführt haben.

Die Neandertaler waren die ersten Menschen, die diese wildreichen, aber im Winter kalten Steppen besiedelten. Sie konnten dies tun, da sie sich durch den Bau von Behausungen und sicher auch durch eine warme Fellkleidung vor der Kälte zu schützen wußten.

Die offene Steppenlandschaft ermöglichte Verbindungswege in alle Richtungen, und die ausgedehnten Wanderungen der Tiere erforderten eine größere Mobilität und Organisation des Jägerlebens. So hat die Steppe die Lebensweise und auch die Menschen geprägt. Es scheint, als sei die weitere Entwicklung zum heutigen Menschen von diesen Jägern der Steppe ausgegangen.

Literaturhinweise

V. Toepfer, Tierwelt des Eiszeitalters (Leipzig 1963).

B. Frenzel, Grundzüge der pleistozänen Vegetationsgeschichte Nord-Eurasiens (Wiesbaden 1968).

H. D. Kahlke, Das Eiszeitalter (Leipzig-Jena-Berlin 1981).

Jagd, Fischfang und Sammeln

Jagd, Fischfang und Sammeln bildeten die wirtschaftliche Grundlage zur Zeit der Neandertaler. Es scheint, daß die Menschen in einem festgelegten Territorium lebten, innerhalb dessen sie je nach Wildaufkommen und Sammelmöglichkeiten ihre Wohnplätze im jahreszeitlichen Wechsel verlegten. Diese Gruppenterritorien werden im Laubwald des warm-gemäßigten Klimas kleiner, in der offenen Graslandschaft größer gewesen sein. Unklar ist, ob es in dieser Zeit bereits besondere Jagdlager gab, in denen sich nur die Jäger aufhielten, und Siedlungen, in denen die ganze Gruppe lebte. Sicher waren jedoch die Jagdplätze, an denen die Tiere erlegt wurden, nicht zugleich die Wohnplätze, an denen die kleine Gruppe lebte.

Oft wird den Jägern irgendwo in ihrem Gebiet nur ein einzelnes Tier zum Opfer gefallen und an Ort und Stelle zerlegt worden sein. So lagen in Ariendorf am unteren Mittelrhein in einer Schicht vom Anfang der letzten Eiszeit auf begrenzter Fläche Knochen und Geweihfragmente eines Hirsches, dazwischen zwei Steinwerkzeuge. Solche gelegentlichen Jagdplätze, von denen die benutzten Steinwerkzeuge vermutlich oft wieder mitgenommen wurden, waren wahrscheinlich sehr häufig, doch sind sie schwer zu entdecken.

In den Kratermulden der Osteifel-Vulkane liegen häufig Siedlungsplätze der Neandertaler. Diese Vulkane sind im Eiszeitalter entstanden. Wenn der Kratertrichter mit Löß ausgekleidet und die poröse Lava abgedichtet war, konnte sich hier wie in einer Zisterne Wasser sammeln. Die Siedlungsplätze liegen meist im Nordteil der Kratermulde. Das Rohmaterial für die Steinwerkzeuge – meist Quarz und

Abb. 11. Der Plaidter Hummerich im Neuwieder Becken.
In der Kratermulde lagen Siedlungsplätze der Neandertaler.
(Luftbild der Landesbildstelle Rheinland-Pfalz LU 48003. Freig. Bezirksreg.
Nr. 6965/8 Rheinhessen)

Quarzit – mußte von unten mitgebracht werden, da es auf den Vulkanen nur Lava gibt. Die Knochen der Jagdbeutereste stammen vor allem von Hirsch, Pferd, Esel und Rindern.

Zuerst wurden diese Siedlungsplätze in den Kratermulden der Osteifel-Vulkane auf dem Plaidter Hummerich erkannt (Abb. 11); inzwischen kennen wir sie auch vom Schweinskopf am Karmelenberg, von den Wannen und Wannenköpfen, von den Eiterköpfen und vom Tönchesberg.

An den Wohnplätzen finden sich stets Knochen verschiedener Tierarten. So lagen innerhalb des Behausungsgrundrisses von Ariendorf aus der vorletzten Eiszeit (s. u.) und in dessen Umgebung Knochen von Elefant, Nashorn, Pferd, Hirsch, Riesenhirsch und Rind. Hier zeigt sich, daß diese Menschen nicht etwa den Tierherden folgten (und dann immer nur eine Tierart erlegten), sondern in ihren Gebieten die dort lebenden oder durchziehenden Tiere jagten. Es scheint auch ganz unmöglich, daß die Neandertaler bereits so ausgerüstet waren, daß sie – nicht nur die Jäger, sondern die gesamte Gruppe mit ihrem Hausrat – das Tempo der ziehenden Tierherden hätten mithalten können.

Trotzdem gibt es in der Zeit der Neandertaler auch deutliche Jagdspezialisierungen. Im Nahen Osten war der Damhirsch besonders wichtig, in den Gebirgslandschaften Mittelasiens spielte die Bergziege eine besondere Rolle, und in den Steppen des Kaukasusvorlandes und an der Wolga lebten Wisentjäger. Auf der Krim waren Wildesel und Saigaantilope die wichtigsten Jagdtiere. Am Dnestr liegen Siedlungsplätze von Mammutjägern, in Mitteleuropa wurde bevorzugt das Pferd gejagt. Aus den Alpen, dem Kaukasus und anderen Gebirgslandschaften kennen wir die Jagdspezialisierung auf den Höhlenbären, dem man bis in Höhen von 2000 m folgte.

Das jeweils wichtigste Jagdtier spielte sicher auch eine besondere Rolle in der Vorstellungswelt der Menschen. Hinweise hierfür sind die Verwendung eines Damhirschgeweihs in einem Grab von Qafzeh (Palästina) und ein Kreis von Bergziegenhörnern um das Kindergrab von Tešik Taš in Usbekistan.

Besonders im Zusammenhang mit dem Höhlenbären ist diese besondere Rolle des wichtigsten Jagdtieres im Leben der Menschen diskutiert worden. Fundsituationen in den Höhlenbärenhöhlen, vor allem in den Schweizer Alpen, sind in der Vergangenheit als Belege kultischer Verehrung dieses Tieres aufgefaßt worden. Heute wird die Existenz eines Höhlenbärenkultes zurückhaltender beurteilt; wir warten auf neue Befunde, die die alten Angaben bestätigen.

Für die Jagd entscheidend wichtig sind die Jagdwaffen. Die wichtigste Waffe der Neandertaler war die hölzerne Lanze. Hinweise auf Fernwaffen wie Speerschleuder oder Pfeil und Bogen fehlen völlig. 1948 wurde in Lehringen bei Verden an der Aller eine 2,45 m lange Eibenholzlanze gefunden. Sie ist auf ihrer gesamten Länge mit Steinwerkzeugen bearbeitet und sorgfältig geglättet (Abb. 12), die

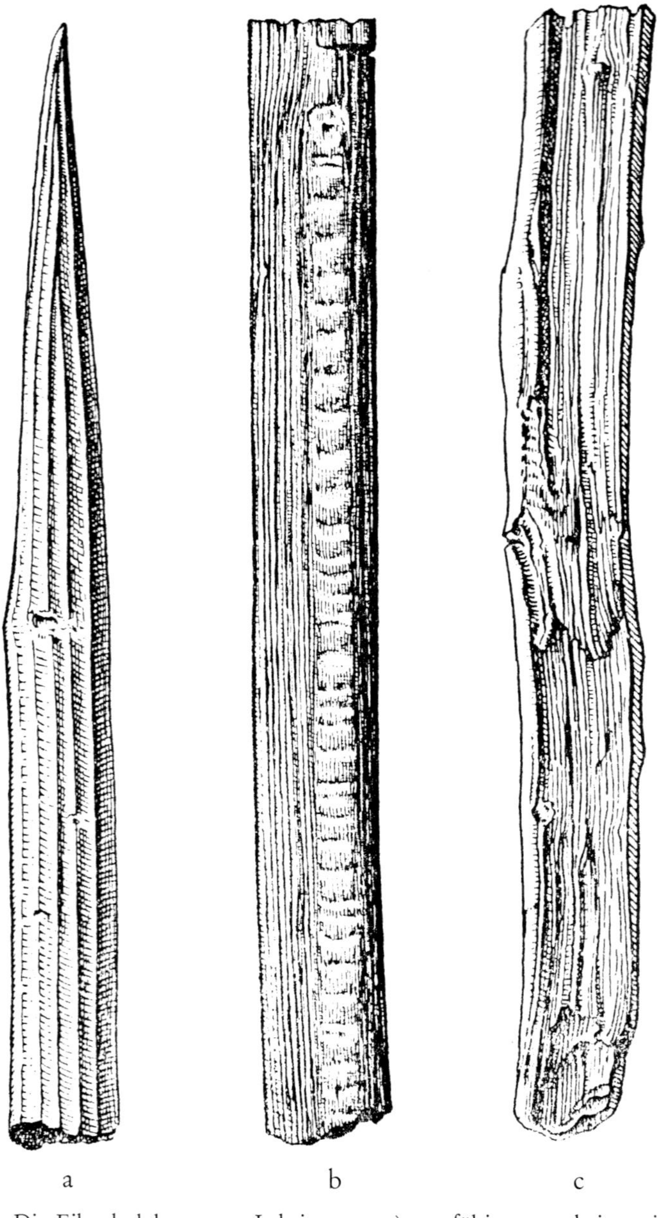

a b c

Abb. 12. Die Eibenholzlanze von Lehringen. – a) sorgfältig zugearbeitete, im Feuer gehärtete Spitzenpartie; b) Schaftteil mit Schabspuren; c) unteres Ende. Nach K. H. Jacob-Friesen.

Spitzenpartie zusätzlich im Feuer gehärtet. Die Lehringer Lanze wurde in der Uferregion eines ehemaligen Sees gefunden. Sie lag zwischen den Knochen eines Waldelefanten, und es scheint, als sei dieses Tier mit der hölzernen Lanze getötet worden. Daneben lagen ferner einige Feuersteinabschläge, die beim Zerwirken der Beute benutzt worden sein dürften.

In der Zeit der Neandertaler werden viele Holzlanzen eine Spitze aus Stein gehabt haben, denn unter den Steinwerkzeugen finden wir häufig aus Abschlägen gearbeitete Spitzen (Abb. 13; Taf. 16). Auch wenn bisher noch keine solche Spitze an einem Holzschaft geschäftet aufgefunden wurde, ist eine derartige Verwendung zumindest bei einem Teil dieser Spitzen wahrscheinlich. Manchmal, so in der Fundschicht B 3 von Rheindahlen am Niederrhein, ist das untere Ende der Spitze stielartig gestaltet (Abb. 13). Die Art der Schäftung kann nur vermutet werden. Möglicherweise hat man das obere Ende des Holzschaftes gespalten und die Spitze mit Harz und zusätzlicher Umwicklung eingesetzt.

Diese Lanzenspitzen aus Stein sind eine Erfindung des Neandertalers. Die Steinspitzen waren spitzer und schärfer als die sonst üblichen zugespitzten Holzlanzen, bestanden aber aus einem glasartigen, leicht splitternden Gestein. Die Waffenspitzen aus Geweih, die später, nach der Zeit der Neandertaler, oft benutzt wurden, waren weniger hart, dafür elastischer als die Steinspitzen.

Die Lanzen der Neandertaler waren eine nur auf kurze Distanz wirksame Waffe. Der Jäger mußte also dicht an sein Jagdwild herankommen. Wahrscheinlich versuchte er, sich an Wildwechseln oder an der Tränke der Tiere zu verbergen. Es ist aber auch möglich, daß die Tiere auf das Versteck des Jägers zugetrieben wurden.

Die gefundenen Jagdbeutereste zeigen, daß alle damals lebenden Tiere gejagt und erlegt werden konnten. Dies gilt für die großen Elefanten und so wehrhafte Tiere wie Wisent und Höhlenbär, aber auch für kleine Tiere (Hase, Fuchs) und Vögel. Dabei ist es naheliegend, daß nicht immer die große Holzlanze benutzt wurde. Bisher enthält das Fundmaterial jedoch keine Angaben z. B. zur Vogeljagd.

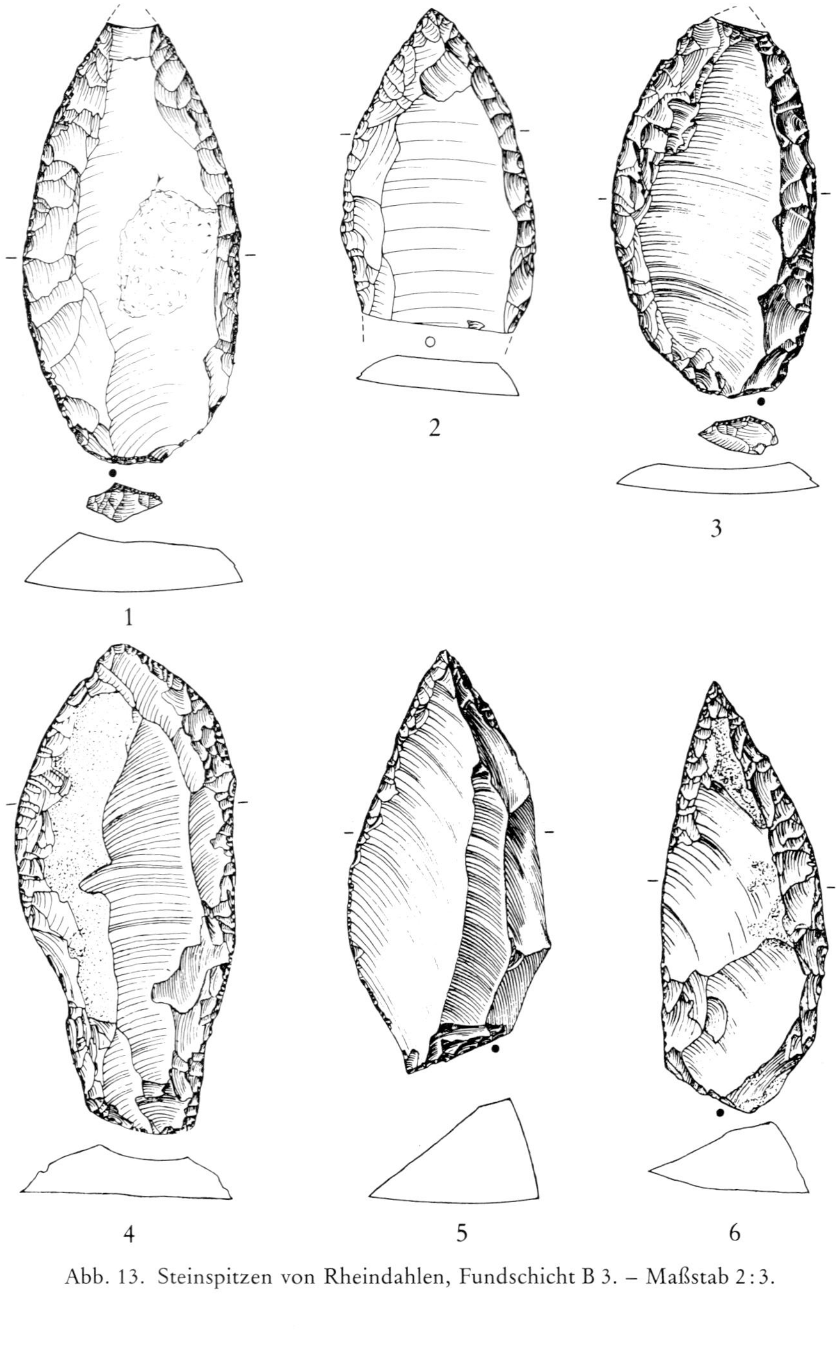
1 2 3 4 5 6

Abb. 13. Steinspitzen von Rheindahlen, Fundschicht B 3. – Maßstab 2:3.

Die Jäger mußten die Tiere sehr genau kennen, um mit ihrer einfachen Bewaffnung erfolgreich jagen zu können. Auch wenn das Wild zahlreich und durch die wenigen damals lebenden Menschen noch nicht vergrämt war, verlangte die erfolgreiche Jagd mit solchen Waffen eine genaue Kenntnis des Tierverhaltens sowie Mut und Geschicklichkeit.

Wahrscheinlich war außer der aktiven Jagd mit der Lanze zur Zeit der Neandertaler auch die Anlage von Fallgruben und das Fallenstellen üblich. Im Fundstoff ist beides allerdings nur schwer nachzuweisen. H. Thieme beobachtete im Lößprofil der Ziegeleigrube Dreesen in Rheindahlen mehrfach zipflige Gruben, die miteinander in Zusammenhang zu stehen scheinen. In einer dieser Gruben wurde ein Steinwerkzeug gefunden, das nach dem verwendeten Gestein zu den Funden des in der Nähe ausgegrabenen, doch mehr als 100 m entfernten Siedlungsplatzes gehört. H. Thieme hält es für möglich, daß es sich bei diesen sonst fundleeren Gruben um ein System von Fallgruben gehandelt hat.

Auch wenn es bisher nur wenige Belege gibt, können wir davon ausgehen, daß neben der Jagd auch Fischfang getrieben wurde. Siedlungsplätze am Ufer von Seen, z. B. Königsaue und Rabutz bei Halle, werden auch des Fischfangs wegen angelegt worden sein.

Neben Jagd und Fischfang sicherte das Sammeln den Lebensunterhalt. Besonders im Laubwald des warm-gemäßigten Klimas wird das Ernten von wildem Obst und Knollenfrüchten eine wichtige Rolle gespielt haben. In Rabutz wurden Haselnußschalen gefunden, die das Sammeln von Nüssen belegen. Hinzu kommt das Einsammeln von Kleintieren und Vogeleiern.

Im Nadelwald des feucht-kühlen Klimas und in der offenen Steppe gab es weniger pflanzliche Nahrung zu sammeln. In diesen Biotopen wird die Bedeutung der Pflanzenkost zurückgegangen und der Anteil der Jagd am Lebensunterhalt gestiegen sein.

Literaturhinweise

W. Soergel, Die Jagd der Vorzeit (Jena 1922).

K. D. Adam, Der Waldelefant von Lehringen – eine Jagdbeute des diluvialen Menschen. Quartär 5, 1951, S. 79–92.

K. H. Jacob-Friesen, Eiszeitliche Elefantenjäger in der Lüneburger Heide. Jahrbuch des Römisch-Germanischen Zentralmuseums Mainz 3, 1956, S. 1–22.

G. Behm-Blancke, Altsteinzeitliche Rastplätze im Travertingebiet von Taubach, Weimar, Ehringsdorf. Alt-Thüringen 4, 1960.

V. Toepfer, Tierwelt des Eiszeitalters (Leipzig 1963).

D. Mania und V. Toepfer, Königsaue. Gliederung, Ökologie und mittelpaläolithische Funde der letzten Eiszeit (Berlin 1973).

G. Bosinski und D. Evers, Jagd im Eiszeitalter. Schriften des Jagd- und Naturkundemuseums Burg Brüggen 2 (Köln 1979).

H. Thieme, Erste Hinweise auf altsteinzeitliche Fallgrubenjagd in Mönchengladbach-Rheindahlen?, in: Ausgrabungen im Rheinland '78. Das Rheinische Landesmuseum Bonn, Sonderheft (1979) S. 39-44.

G. Bosinski, J. Kulemeyer und E. Turner, Ein mittelpaläolithischer Fundplatz auf dem Vulkan Hummerich bei Plaidt, Kreis Mayen-Koblenz. Archäologisches Korrespondenzblatt 13, 1983, S. 415–428.

Behausung und Siedlung

Höhlenwohnungen

Höhlen und Felsdächer (Abris) bilden natürliche Behausungen, die zu allen Zeiten, bis in die jüngste Vergangenheit, vom Menschen bewohnt wurden. So kennen wir auch eine große Zahl von Wohnplätzen der Neandertaler aus Höhlen und Abris. Berühmt sind die beiden übereinander liegenden Felsdächer von Le Moustier und das Abri von La Ferrassie in der Dordogne (Frankreich). Aber auch in unserem Gebiet gibt es wichtige Höhlenfundplätze dieser Zeit, z. B. die Kartsteinhöhle in der Eifel (Taf. 14) oder die Balver Höhle im Hönnetal (Sauerland).

In den Höhlen sind besonders die Eingangspartie und der Höhlenvorplatz bewohnt worden. Der eigentliche Höhlenraum ist meist feucht und ungemütlich und enthält daher nur selten Siedlungsreste. Als Wohnung beliebt waren auch Felsdächer, besonders wenn sie zur Sonne hin offen waren. Oft hängt das Felsdach nur wenig über, so daß man den Fels nur als Rückwand der Behausung nutzen konnte.

In vielen Höhlen und Abris wird es Einbauten gegeben haben. Die Spuren solcher Einbauten sind in dem lockeren Kalkschutt der Höhlenfüllung aber nur schwer zu erkennen. In der Grotte du Lazaret in Nizza haben die Bewohner einen Teil des großen Höhlenraumes abgetrennt und sich, angelehnt an die Höhlenwand, eine Hütte gebaut. In der Höhle von Combe Grenal (Dordogne) fand F. Bordes ein

Pfostenloch, das ebenfalls auf einen Einbau schließen läßt. Besonders in den kalten Klimaphasen wird eine in die Höhle oder in das Felsdach eingebaute feste Behausung zum Überleben notwendig gewesen sein.

Freilandbehausungen

Höhlen oder Felsdächer gibt es nicht überall, sondern vor allem in Gebieten mit Kalksteinformationen. Die Neandertaler haben aber auch in Landschaften ohne Höhlen gelebt. Hier wurden die Behausungen im Freiland, ohne eine schützende Felswand, errichtet.

Das beste Beispiel einer solchen Freilandbehausung wurde von A. P. Černyš beim Dorf Molodova am Dnestr (Ukraine) ausgegraben. Es handelte sich um einen rundlichen Bau mit einem äußeren Durchmesser von 8 m, der Durchmesser des Innenraums betrug etwa 7 m (Abb. 14). Der ungefähr 1 m breite Wandsockel bestand aus Mammutknochen, meist Schädeln, Stoßzähnen, Schulterblättern, Becken und Langknochen. Auf diesem Sockel dürfte ein kuppelartiger, mit Fell bedeckter Oberbau gestanden haben. Der Ausgang lag im Osten und führte auf einen Vorplatz, auf dem Mammutknochen und Stoßzähne, außerdem andere Siedlungsreste lagen. Es waren anscheinend auch noch weitere Wandöffnungen vorhanden.

Im Inneren gab es mehrere dunkle Flecke mit Holzkohlestückchen und verbrannten Knochen. Bei einigen dieser Flecke handelt es sich wohl um Feuerstellen, bei anderen könnte man an Anhäufungen von Feuerstellenmaterial in Vertiefungen des Untergrundes denken. Die Feuerstellen waren leicht wannenförmig vertieft, ohne einen Steinkranz. Im Inneren der Behausung lagen viele Siedlungsreste: Steinwerkzeuge und der Abfall ihrer Herstellung, Knochen. An einer Stelle fanden sich auch rote Farbstückchen; dies ist wichtig, da die Verwendung roter Farbe in den Behausungen später, in der Zeit unserer eiszeitlichen Vorfahren, allgemein üblich wird und hier vielleicht ein Zusammenhang besteht.

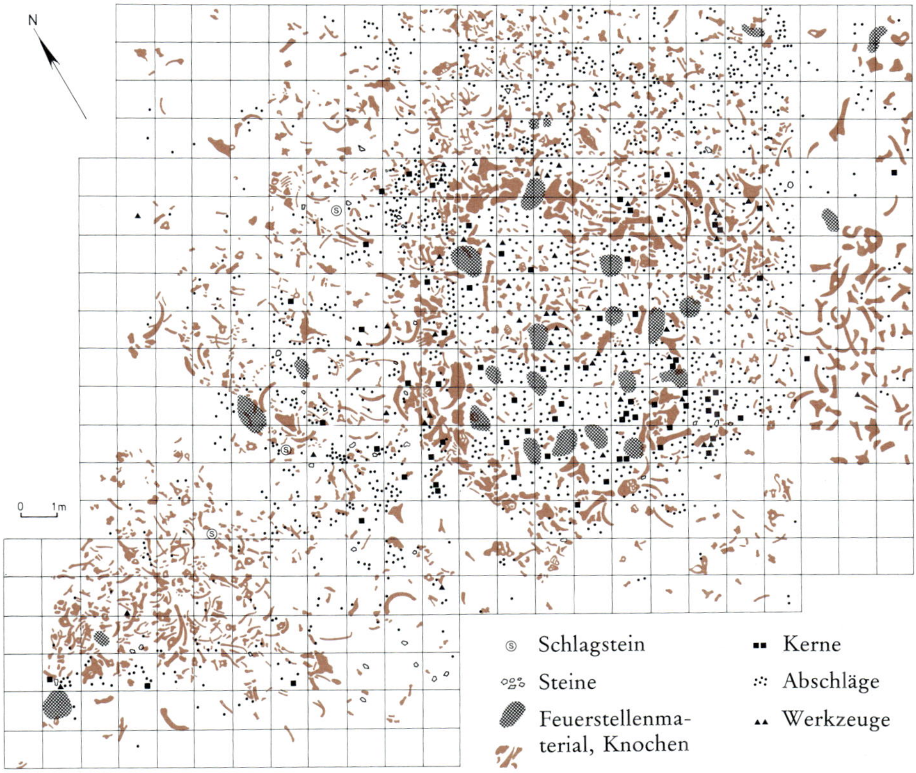

Abb. 14. Grundriß der Behausung vom Fundplatz Molodova I (Schicht 4) am Dnestr. Nach A. P. Černyš.

Weitere, weniger vollständige Behausungsreste mit Mammutknochen und -stoßzähnen als Baumaterial wurden in Molodova V (Schicht 11), in Ketrosy am Dnestr sowie in Ripiceni-Izvor am Pruth (Rumänien) gefunden.

In unserem Gebiet wurde vor einigen Jahren in der Ziegeleigrube Dreesen in Mönchengladbach-Rheindahlen eine Freilandbehausung vom Anfang der letzten Eiszeit entdeckt. Es handelt sich um eine flache Grube, die von einem Kranz kleiner Pfostenlöcher umgeben war. Die Grube bildete nur den etwas vertieften zentralen Teil der Wohnung. Der Durchmesser des rundlichen Baus betrug 5 m, der Eingang war nach Osten gerichtet. Vor dem Eingang wurden Steinwerkzeuge und Abfälle der Steinbearbeitung mit Spuren von Hitzeeinwirkung gefunden; möglicherweise befand sich hier eine Feuerstelle.

Die Werkzeuge sind aus Feuerstein gearbeitet, der aus Schottern der Maas stammt. Die Steinbearbeitung konzentrierte sich auf den Vorplatz der Behausung, während der Innenraum weitgehend frei blieb. Dabei ließen sich auf dem Vorplatz verschiedene Tätigkeitsbereiche unterscheiden. In einer Partie wurden die Feuersteinknollen grob zerlegt, an anderer Stelle erfolgte die feine Kantenbearbeitung (Retuschierung) der Werkzeuge. Direkt vor dem Eingang lagen besonders viele Werkzeuge im Bereich der vermuteten Feuerstelle, so daß hier der hauptsächliche Arbeitsplatz gewesen sein dürfte.

Auf diesem Fundplatz in Rheindahlen (Schicht B 1) konnten die meisten Steinartefakte wieder zu den ursprünglichen Feuersteinknollen zusammengesetzt werden. Es zeigte sich, daß nur etwa zehn Rohmaterialknollen verarbeitet worden sind. Die Kartierung der Verbindungslinien zusammengepaßter Stücke läßt die Beziehungen zwischen den einzelnen Fundplatzpartien erkennen und gibt Hinweise auf geschlossene Räume und deren Eingangsbereiche.

Die zusammengesetzten Knollen bestehen vor allem aus Abschlägen, fertige Werkzeuge fehlen dagegen weitgehend. Andererseits wurden einige Werkzeuge gefunden, die zu keiner der zusammengesetzten Knollen gehören und aus einem hier sonst nicht vorkommenden Feuerstein bestehen. Daraus läßt sich ableiten, daß die Bewohner fertige Steinwerkzeuge mitgebracht und zurückgelassen haben, während sie die in Rheindahlen hergestellten Werkzeuge größtenteils mitgenommen haben.

Leider ist der Löß in Rheindahlen weitgehend entkalkt, so daß keine Knochen erhalten blieben und weitergehende Beobachtungen wie z. B. in Molodova nicht möglich sind. Aussagefähiger ist ein Behausungsgrundriß, der in Ariendorf (Mittelrhein) im Löß der vorletzten

Eiszeit entdeckt wurde (Taf. 15). Hier haben sich die Menschen an einem kleinen Bach oberhalb des Rheins aufgehalten und auf einer leicht geneigten Fläche (wie es zum Abfließen des Regen- und Schmelzwassers günstig ist) eine Behausung errichtet. Um eine ebene Innenfläche zu erhalten, hat man in den Hang eine Stufe gegraben, die sich im Grabungsbefund als halbbogenförmige Schichtgrenze gut abzeichnet (Taf. 15).

Es handelt sich um einen runden Bau mit einem Durchmesser von 2,70 m, von dem durch den Kiesgrubenbetrieb etwa ein Drittel vor unserer Ausgrabung zerstört wurde. In der Mitte lag eine Anhäufung kleiner zerschlagener Knochen und die Kniescheibe eines Elefanten, die anscheinend als Arbeitstisch diente. Auch flache Schulterblatt- und Beckenknochen von Elefant und Nashorn im nordöstlichen Teil des Innenraums hatten wohl diese Funktion. Dagegen dürfte es sich bei einer Anhäufung von Elefanten- und Nashornrippen im Südteil um herabgefallene Dachbestandteile handeln. Der Ausgang der Behausung lag auch hier, wie in Molodova und Rheindahlen, nach Osten zu. Er führte auf einen Vorplatz, auf dem Tierknochen und Steinartefakte lagen.

Siedlungsvorgang

In manchen Höhlen und Siedlungsplätzen im Freiland haben sich mehrere, übereinanderliegende Siedlungsschichten aus der Zeit der Neandertaler erhalten. Es handelt sich um günstige Plätze, die die Menschen über einen langen Zeitraum hinweg immer wieder aufsuchten. Dabei wird es zwischen den einzelnen Fundschichten, die durch fundleere Schichten voneinander getrennt sind, keinen Zusammenhang und keine Überlieferung geben.
Manchmal läßt jedoch die einzelne Fundschicht selbst erkennen, daß eine Menschengruppe sich hier wiederholt aufgehalten hat, so z. B. in den Kratermulden der Osteifel-Vulkane.

In Königsaue am ehemaligen Ascherslebener See konnten V. Toepfer und D. Mania einen Siedlungsplatz untersuchen, der beim

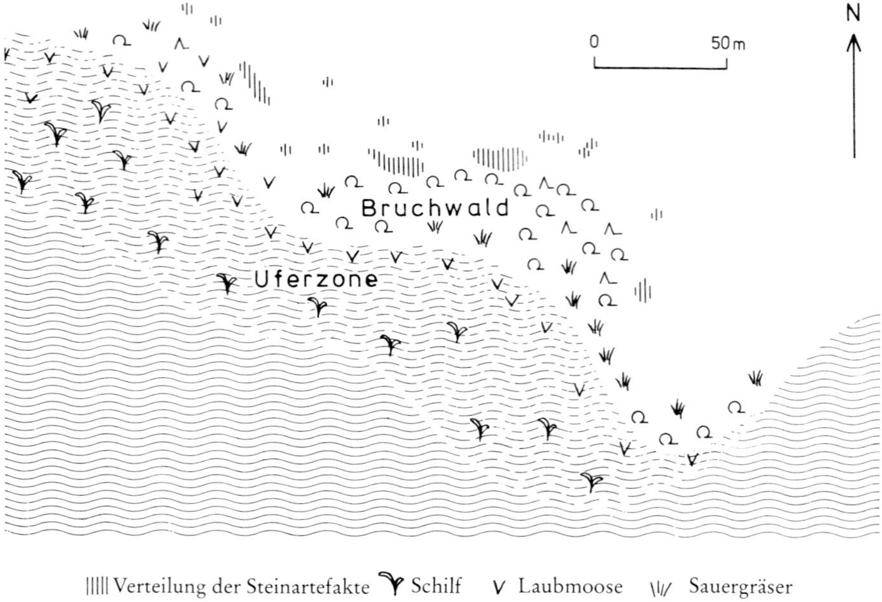

Abb. 15. Siedlungsplätze am Ufer des ehemaligen Aschersleben er Sees bei Königsaue, Siedlungsphase A. Nach D. Mania und V. Toepfer.

Braunkohlentagebau angeschnitten worden war. Die Menschen hatten sich hier am Ufer des Sees am Rande eines Erlenbruchwaldes aufgehalten. Auf einer Uferstrecke von 250 m lagen verschiedene Wohnplätze, die nacheinander benutzt worden sind (Abb. 15). Es wurden Mammut, Nashorn, Pferd, Hirsch, Wisent und Rentier gejagt und höchstwahrscheinlich auch Fischfang getrieben. Eine Untersuchung der Tierknochen ergab, daß dieser Platz stets nur im Sommer aufgesucht wurde.

In einer tieferen Schicht (B 3) der bereits genannten Ziegeleigrube Dreesen in Rheindahlen verteilen sich die Siedlungsreste auf eine größere Fläche mit einem Durchmesser von etwa 100 m. Innerhalb dieser Fläche gibt es jedoch mehrere Fundkonzentrationen, die wahrscheinlich jeweils einem Aufenthalt entsprechen. Auch hier dürfte es sich um einen Platz handeln, zu dem man mehrfach und möglicherweise immer zu derselben Jahreszeit kam.

Im Freiland verteilen sich die Siedlungsreste wiederholter Aufenthalte auf verschiedene, benachbart gelegene Wohnplätze wie in Königsaue oder Rheindahlen B 3. Man kam zwar zum gleichen Platz, errichtete die Behausung jedoch nicht immer an derselben Stelle. Im vorgegebenen Siedlungsraum einer Höhle oder unter einem Felsdach hielten sich die Menschen dagegen notwendigerweise immer am gleichen Platz auf. Deshalb wird sich die mehrfache Wiederkehr einer Menschengruppe in einer Höhle nicht in unterschiedlichen Fundkonzentrationen, sondern in einer einzigen fundreichen Siedlungsschicht widerspiegeln.

Es scheint, als könnten wir davon ausgehen, daß die Menschengruppen dieser Zeit ihre Siedlungsplätze im jahreszeitlichen Rhythmus verlegten und dabei immer die gleichen Plätze aufsuchten. Dieser Ortswechsel wird sich nach dem Wildaufkommen und den Möglichkeiten der Sammelwirtschaft gerichtet haben. Je nach Jahreszeit hielt man sich am Wanderweg der Rentierherden, an einem günstigen Platz zur Pferdejagd, zum Sammeln von Vogeleiern oder zur Beerensuche auf.

Literaturhinweise

G. Bosinski, K. Brunnacker, R. Schütrumpf und R. Rottländer, Der paläolithische Fundplatz Rheindahlen, Ziegelei Dreesen-Westwand. Bonner Jahrbücher 166, 1966, S. 318–360.

D. Mania und V. Toepfer, Königsaue. Gliederung, Ökologie und mittelpaläolithische Funde der letzten Eiszeit (Berlin 1973).

G. Bosinski, Eiszeitjäger im Neuwieder Becken. Archäologie an Mittelrhein und Mosel, Heft 1 [2](Koblenz 1983).

Gräber und Friedhöfe

Die Neandertaler waren nach heutigem Wissen die ersten Menschen, die ihre Toten in planmäßig angelegten Gräbern bestatteten. Die bisher gefundenen Gräber liegen in bewohnten Höhlen; man hat die Toten am Wohnplatz der Lebenden begraben. Manchmal ist die Grabgrube in den – dann allerdings nicht sehr harten – Felsboden eingetieft. In der Höhle Kiik Koba auf der Krim war für den Kopf des Toten eine besondere Nische eingearbeitet. Mitunter diente für das Grab auch eine natürliche Vertiefung des felsigen Untergrunds. Andere Gräber sind in tiefere Schichten der Höhlenfüllung eingetieft; eine Grabgrube ist jedoch immer vorhanden.

Die Toten sind meist in 'Schlafstellung', auf der Seite liegend, mit leicht angezogenen Knien beigesetzt worden (Abb. 16). Die Arme sind angewinkelt, oft liegt eine Hand auf der Brust, die andere am Kopf. In Mugharet Es-Skhul ist die Grabgrube im harten Untergrund manchmal zu klein ausgehoben worden, so daß der Tote zusammengekrümmt bestattet werden mußte. Dies ist auch der Grund dafür, daß die Knochen des großgewachsenen Mannes in Grab V so zusammengeschoben sind (Abb. 17). Männer, Frauen und Kinder wurden nach gleichem Ritus und mit gleicher Sorgfalt bestattet. Da die Kindersterblichkeit groß war, sind Kindergräber besonders häufig.

In einigen Fällen wird berichtet, daß in dem Grab besonders sorgfältig zugerichtete Steinwerkzeuge lagen, die vielleicht als Beigaben zu verstehen sind. In einem Grab von Qafzeh bei Nazareth hatte der

Abb. 16. Grab 1 von La Ferrassie (Dordogne, Frankreich)
bei der Auffindung. Nach D. Peyrony.

Tote ein Stück roter Farbe (Eisenoxyd) mit ins Grab bekommen. Auf diesem Farbbrocken sind Abreibspuren, die von der Gewinnung eines roten Farbpulvers zeugen. Vermischt mit Wasser ergibt dieses Pulver eine leuchtend rote Farbe. Rote Farbstücke lagen auch in anderen Gräbern von Qafzeh sowie in dem Grab von La Chapelle-aux-Saints (Corrèze, Frankreich).

Ein Grab von Mugharet Es-Skhul am Berg Karmel (Palästina) enthielt außer der Bestattung den Unterkiefer eines Schweines (Abb. 17), und in dem Männergrab von La Chapelle-aux-Saints lagen Langknochen vom Rind (Abb. 18). Diese Tierknochen in den Gräbern von Neandertalern sind als Überreste von Speisebeigaben interpretiert worden.

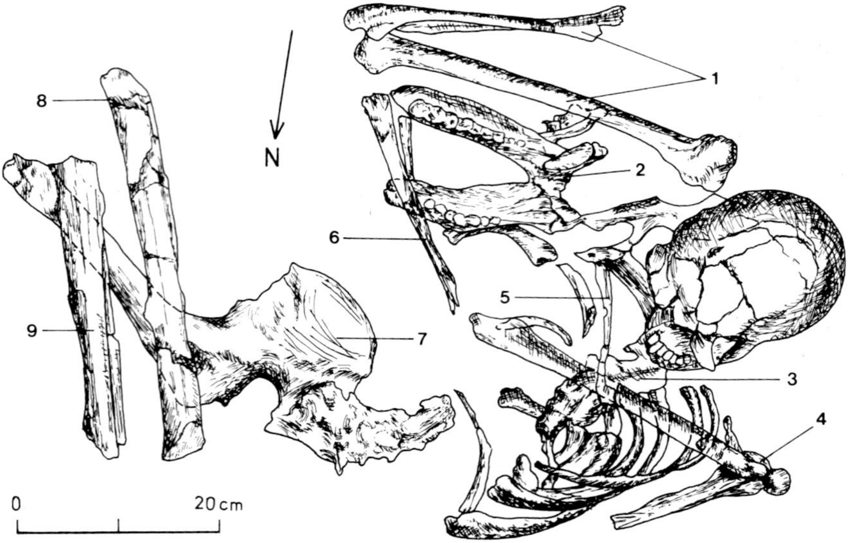

Abb. 17. Grab V von Mugharet Es-Skhul (Berg Karmel, Palästina). 1 rechter Arm; 2 Unterkiefer eines Schweines; 3 Rückenwirbel; 4 linkes Schulterblatt und linker Oberarm; 5 linkes Schlüsselbein; 6 linke Speiche; 7 rechtes Beckenteil; 8 linker Oberschenkel; 9 linkes Schienbein und Wadenbein. – Nach T. D. McCown.

Eines der Gräber von Qafzeh war in den – allerdings sehr brüchigen – Felsboden eingetieft und enthielt außer dem Skelett eines etwa zehnjährigen Kindes mehrere rote Farbstücke, Schalen eines Straußeneis sowie ein großes schädelechtes Damhirschgeweih (Abb. 19). Das Damhirschgeweih lag auf den Händen des Kindes. Im Nahen Osten war der Damhirsch das wichtigste Jagdtier der Neandertaler, und die Verwendung des Geweihs scheint hier eine Beziehung zu dem für diese Menschen so wichtigen Tier herzustellen. Ähnlich ist es bei dem Kindergrab von Tešik Taš in Usbekistan (Mittelasien). Hier war das Grab von einem Kranz von Bergziegenhörnern umstellt. Die Bergziege war das wichtigste Jagdtier der hier lebenden Menschen.

Von besonderer Bedeutung ist sodann ein Grab aus der großen Höhle von Shanidar im Irak. Die von A. Leroi-Gourhan entnomme-

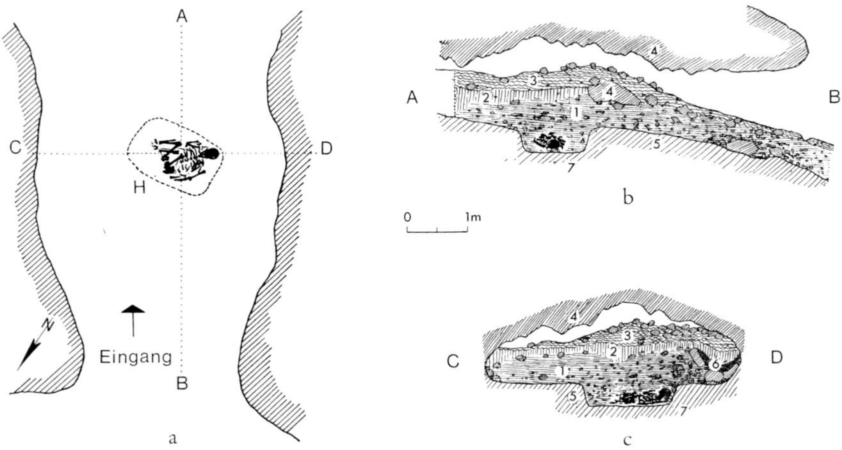

Abb. 18. Grab von La Chapelle-aux-Saints (Corrèze, Frankreich).
a) Lage des Grabes in der Höhle; b) Längsprofil (A–B); c) Querprofil (C–D). – 1 Siedlungsschicht; 2 Lehm; 3 lockeres, sandig-lehmiges Sediment; 4 Felsdach und Versturzblöcke; 5 Felsboden der Höhle; 6 Feuerstelle; 7 Grabgrube und Bestattung. – Nach A. und J. Bouyssonie und L. Bardon.

nen und pollenanalytisch untersuchten Bodenproben aus der Grabgrube ergaben, daß der Tote auf einem Lager von Blumen bestattet wurde. Es konnte Blütenstaub von sieben Blumenarten, die auch heute noch in diesem Gebiet vorkommen und zwischen Ende Mai und Anfang Juli blühen, festgestellt werden.

Manchmal waren die Gräber mit einem großen Stein abgedeckt. In La Ferrassie (Dordogne, Frankreich) waren auf der Unterseite eines solchen Decksteins mehrere Näpfchen eingearbeitet. Diese Näpfchen werden oft im Zusammenhang mit der Frage nach der Entstehung der Kunst diskutiert (s. u.).

Unter dem gleichen Felsdach von La Ferrassie fand D. Peyrony neun kleine Erdhügel (Abb. 20). Unter einem dieser künstlich aufgeschütteten Hügel lagen die Knochen eines neugeborenen Kindes; unter den anderen Hügeln wurde nichts gefunden. Solche Hügel

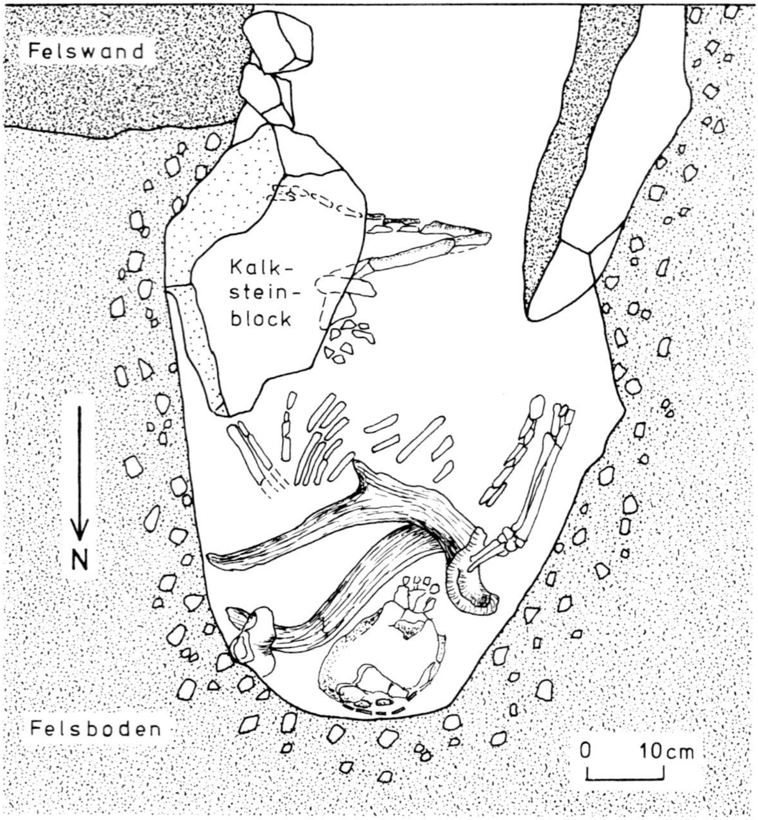

Abb. 19. Kindergrab mit Damhirschgeweih von Qafzeh bei Nazareth (Palästina). Nach B. Vandermeersch.

sind bislang an anderer Stelle noch nicht beobachtet worden. Dagegen kommt es mehrfach vor, daß neben den Gräbern Gruben mit Tierknochen liegen (Abb. 20). Diese Tierknochen sind zur Markgewinnung aufgeschlagen und manchmal auch angebrannt. Es scheint, als seien in solchen Gruben Reste eines Leichenschmauses verwahrt worden. Dabei stehen die mit Tierknochen gefüllten Gruben sicher in direkter Verbindung mit dem Bestattungsbrauch und der sich

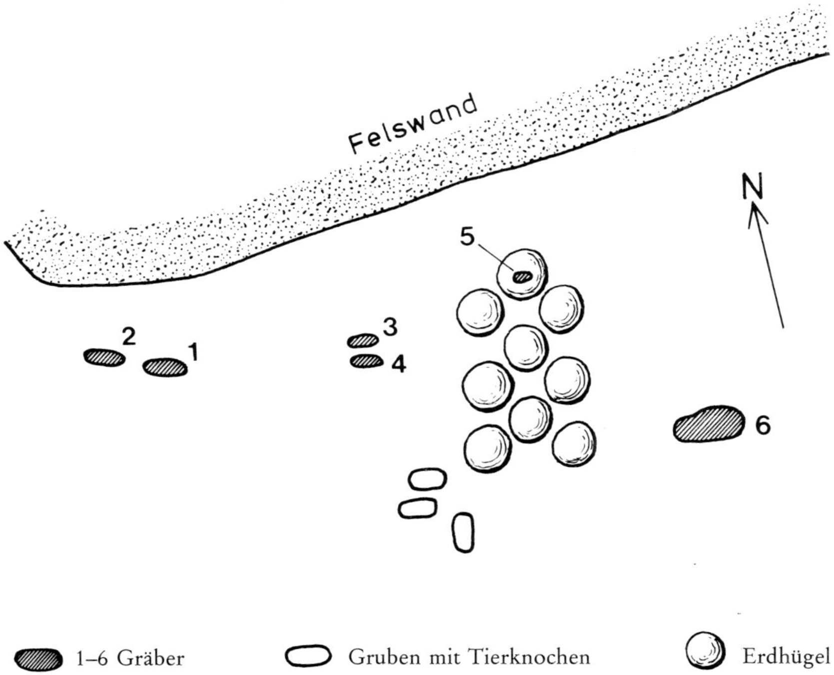

Abb. 20. Plan des Friedhofs von La Ferrassie (Dordogne, Frankreich). Nach D. Peyrony. – Grab 5 unter einem Erdhügel, Grab 6 in einer natürlichen Vertiefung des Felsbodens und abgedeckt mit einem Steinblock.

hierin spiegelnden Vorstellungswelt, denn normalerweise wurden die Nahrungsabfälle nicht eingegraben, sondern verstreut.

Ein besonders komplizierter Befund begegnet uns in der Höhle von Regourdou bei Montignac (Dordogne). Hier sind neben dem Grab große Kisten aus Kalksteinplatten gebaut worden. In diesen Kisten fanden sich zahlreiche Knochen von Braunbären. Eine der Kisten war mit einer schweren Kalksteinplatte abgedeckt.

Rückblickend scheint es, als sei auch in der Kleinen Feldhofer Grotte im Neandertal ein Grab vorhanden gewesen. Wie sonst hätten sich die menschlichen Knochen im Skelettzusammenhang erhalten können? Wäre der Leichnam nur auf die damalige Oberfläche gelegt und nicht eingegraben worden, so hätten die Raubtiere ihn in kurzer Zeit beseitigt.

Die Gräber der Neandertaler sind manchmal zu kleinen Friedhöfen gruppiert. In Europa ist das Felsdach von La Ferrassie mit sechs Gräbern das beste Beispiel (Abb. 20). Im Nahen Osten sind vor allem die Höhlen von Es-Skhul am Berg Karmel, Qafzeh bei Nazareth und Shanidar im Irak zu nennen. Der Zusammenhang der hier Bestatteten ist nicht klar. In La Ferrassie könnte es sich um Angehörige einer Familie handeln. In Es-Skhul, Qafzeh und Shanidar erstrecken sich die Bestattungen dagegen über einen längeren Zeitraum hinweg. Hier handelt es sich möglicherweise um den traditionellen Begräbnisplatz einer Menschengruppe.

Literaturhinweise

W. GIESELER, Schädelverletzungen, Kannibalismus und Bestattungen im europäischen Paläolithikum. Aus der Heimat 60, Heft 7/8, 1952.

H. MÜLLER-KARPE, Handbuch der Vorgeschichte 1. Altsteinzeit (München 1966) S. 231–234.

Schädelkult und Kannibalismus

Ganz anders als die Bestattungen sind die Hinweise auf Schädelkult und Kannibalismus zu werten. Hierbei handelt es sich nicht um die Gräber Verstorbener, sondern um Schädel und Schädelteile von Getöteten.

In einer durch einen Bergrutsch bald nach der Zeit der Neandertaler verschlossenen Höhle im Monte Circeo (Italien) fand A. C. Blanc den Schädel eines etwa 40jährigen Neandertalers (Abb. 21). Der Mann war durch einen Schlag auf die Schläfe getötet, der Kopf dann gewaltsam vom Rumpf getrennt worden. Das Hinterhauptsloch war in einer Weise aufgebrochen, wie es z. B. in Melanesien geschah, um das Gehirn zu entnehmen. Der Schädel lag auf dem Scheitel innerhalb eines Steinkreises.

Dem Schädel vom Monte Circeo fehlte der Unterkiefer. An anderer Stelle der Höhle wurde zwar ein einzelner menschlicher Unterkiefer gefunden, der jedoch nicht zu diesem Schädel gehörte. Menschliche Unterkiefer haben, vielleicht stellvertretend für den ganzen Schädel, auch sonst eine größere Rolle gespielt. Mehrfach wurden Unterkiefer von Neandertalern gefunden, ohne daß weitere Skeletteile vorhanden waren.

An mehreren Fundplätzen aus der Zeit der Neandertaler ist ein deutliches Vorherrschen von Schädel und Unterkiefer zu beobachten, so z. B. in der Höhle von La Chaise (Charente, Frankreich), aber auch im Travertin von Ehringsdorf bei Weimar oder an einer Feuerstelle unter dem Felsdach von Krapina in Kroatien.

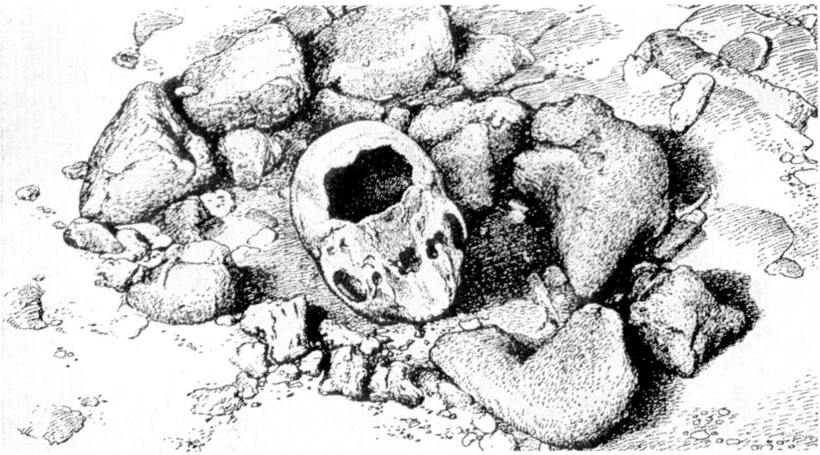

Abb. 21. Der Schädel vom Monte Circeo (Italien). Nach A. C. Blanc.

Es fragt sich, was mit den anderen Teilen des Skeletts geschah. Hier scheint ein Fund aus der Grotte von René Simhard (Charente) Auskunft zu geben. In dieser Höhle wurden die Knochen von einem Zwölfjährigen und zwei Kleinkindern geborgen, Schädel und Unterkiefer fehlten jedoch. Die Menschenknochen lagen zwischen den Tierknochen der Jagdbeutereste und waren wie diese zur Entnahme des Knochenmarks zerschlagen. Nach allem handelt es sich hier um Belege für Kannibalismus. Es scheint, als habe man Kopf und Unterkiefer jedoch bewahrt, jedenfalls anders behandelt als den Körper.

Literaturhinweise

W. Gieseler, Schädelverletzungen, Kannibalismus und Bestattungen im europäischen Paläolithikum. Aus der Heimat 60, Heft 7/8, 1952.

G. Behm-Blancke, Altsteinzeitliche Rastplätze im Travertingebiet von Taubach, Weimar, Ehringsdorf. Alt-Thüringen 4, 1960.

H. Ullrich, Kannibalismus und Leichenzerstückelung beim Neandertaler von Krapina, in: M. Malez (Hrsg.), Krapinski Pračovjek i Evolucija Hominida (Der Urmensch von Krapina und die Evolution der Hominiden) (Zagreb 1978) S. 293–318.

Steinwerkzeuge

Verwendete Gesteine

Die Steinwerkzeuge der Neandertaler sind aus einem harten, gut spaltbaren Gestein hergestellt. Das verwendete kieselsäurehaltige Material ist desto geeigneter, je ähnlicher es dem Glas ist.

Die Menschen haben jeweils die am besten geeigneten Gesteine ihres Gebietes verwendet. Da die Steinartefakte, d. h. die Steinwerkzeuge und die Abfälle ihrer Herstellung, durch die seither vergangene Zeit nicht zerstört werden konnten, bilden sie die weitaus häufigsten Funde aus der Zeit der Neandertaler.

Obsidian läßt sich besonders gut bearbeiten. Dieses vulkanische Glas kommt jedoch nur in begrenzten Gebieten vor. In Europa gibt es Obsidian in Ungarn, im östlichen Mittelmeergebiet und im Kaukasusvorland. Weiter verbreitet ist der Feuerstein. Im gesamten nördlichen Mitteleuropa kommt 'nordischer' ('baltischer') Feuerstein vor. Er stammt aus Kreideablagerungen im Ostseegebiet und wurde durch die Gletscher der größten Inlandvereisung z. B. bis ins Ruhrgebiet transportiert. In Kreideablagerungen der Ardennen kommen andere Feuersteinarten vor. Die Maas hat solche Lagerstätten durchschnitten, und ihre Schotter enthalten deshalb Feuerstein. Im südlichen Mitteleuropa gibt es unterschiedliche Arten des Hornsteins. Auch hierbei handelt es sich um kieselsäurehaltiges Gestein, das manchmal in Bänken oder Platten gebildet wurde (Plattenhornstein).

In anderen Gebieten ist Quarzit für die Werkzeugherstellung verwendet worden. Dieser Quarzit ist aus Sanden unter Zutritt von Kieselsäure entstanden. In Hessen und im Rheinland findet man ihn in großen Blöcken an der Oberkante tertiärer Sande. Die Steinwerkzeuge des Neandertalers aus der Kleinen Feldhofer Grotte waren vermutlich aus solchem Quarzit gearbeitet.

Ein weiteres zur Werkzeugherstellung benutztes Material ist der Kieselschiefer. Anders als die bisher genannten Gesteine kann der Kieselschiefer erst nach einem Transport im Fluß, bei dem er auf seine härtesten und homogensten Teile reduziert wird, bearbeitet werden. Kieselschiefer finden wir z. B. in den Schottern von Main, Lahn, Eder und Hönne. Ein Großteil der Steinwerkzeuge aus den Höhlen des Sauerlandes, besonders des Hönnetales, ist aus Kieselschiefer gearbeitet.

Außer den genannten Gesteinen wurden die gut spaltbaren, aber nur selten vorkommenden Halbedelsteine wie Bergkristall, Chalzedon und Karneol verarbeitet.

In Gebieten, in denen die Menschen keines dieser Ausgangsmaterialien fanden, wurden auch andere, weniger geeignete Gesteine verwendet. Dazu gehören Quarz, Porphyr und selbst Schiefer. An Fundstellen mit Werkzeugen aus solchem Material ist es oft schwierig, die Bearbeitungstechnik und die Werkzeugform zu erkennen.

An geeigneten Rohmaterialvorkommen, so im feuersteinreichen Flußschotter oder an Quarzitblöcken, finden wir Steinschlagwerkstätten der Neandertaler. An solchen Plätzen kommen große Mengen von Werkabfall – Abschläge, Kerne –, aber nur verhältnismäßig wenige fertige Werkzeuge vor. In Hessen kennen wir solche Steinschlagwerkstätten z. B. an den Quarzitkuppen der Reutersruh und bei Lenderscheid, im Rheinland am Ravensberg bei Troisdorf und möglicherweise am Liedberg bei Grevenbroich.

Bearbeitungsmerkmale

Der Stein wurde in der Zeit der Neandertaler durch Schlag bearbeitet; andere Bearbeitungstechniken, z. B. der Schliff, waren noch un-

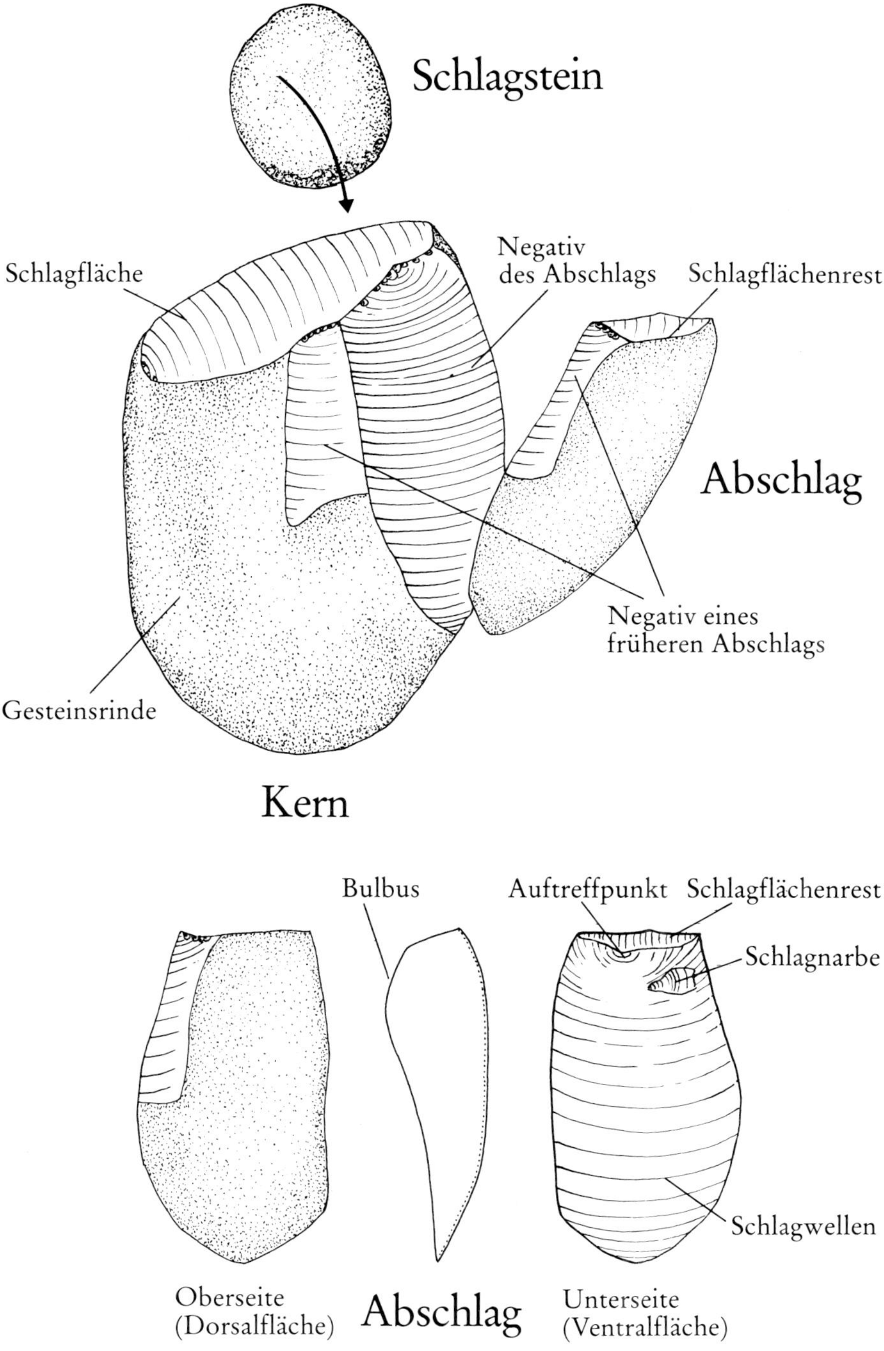

Abb. 22. Herstellung und Bearbeitungsmerkmale eines Abschlags.

bekannt. Die Bearbeitung erfolgte mit Schlagsteinen, die aus einem weniger spaltbaren, zäheren Gestein, oft aus Quarz, bestehen. Es war aber auch möglich, den Stein mit Schlaginstrumenten aus Geweih, Knochen oder hartem Holz zu bearbeiten.

Die Bearbeitungsmerkmale lassen sich besonders gut beim Glas erkennen. Beim Auftreffen des Schlages auf die 'Schlagfläche' entsteht ein punktförmiges Schlagauge, der 'Schlagpunkt' (Abb. 22). Von diesem Auftreffpunkt gehen konzentrische Kreise aus, die 'Schlagwellen'. Auf der Spaltfläche des abgeschlagenen Stückes ist ein Sektor dieser Schlagwellen erhalten. Die Schlagwellen verlaufen stets senkrecht zur Richtung des Schlagimpulses.

Abschlagtechnik

Viele Werkzeuge der Neandertaler sind aus Abschlägen gearbeitet. Um langgestreckte und dünne Abschläge zu erhalten, wurde das Rohstück – der 'Kern' – zunächst vorbereitet (präpariert). Dabei wurde zuerst die Unterseite des Kerns behauen (Abb. 23A), dann die Oberseite durch umlaufende Bearbeitung uhrglasförmig aufgewölbt (Abb. 23B). Anschließend wurde von einer manchmal noch besonders präparierten Schlagfläche her (Abb. 23C) der Abschlag abgetrennt (Abb. 23D). Diese Bearbeitungstechnik, bei der die zunächst vorbereitete, aufgewölbte Oberseite des Kerns den späteren Abschlag bildet (Levalloistechnik), war in der Zeit der Neandertaler weit verbreitet.

Abschlagwerkzeuge

Oft wurden die Abschläge ohne weitere Zurichtung als Werkzeuge benutzt, denn die scharfen Abschlagkanten bilden gute Schneiden. Andere Abschläge wurden an den Kanten zugerichtet (retuschiert) (Abb. 24). Diese Retuschierung erfolgte durch Schläge auf die Unterseite (Ventralfläche) der Abschläge. Durch die Retuschierung wurden die Abschläge zu unterschiedlichen Werkzeugen geformt.

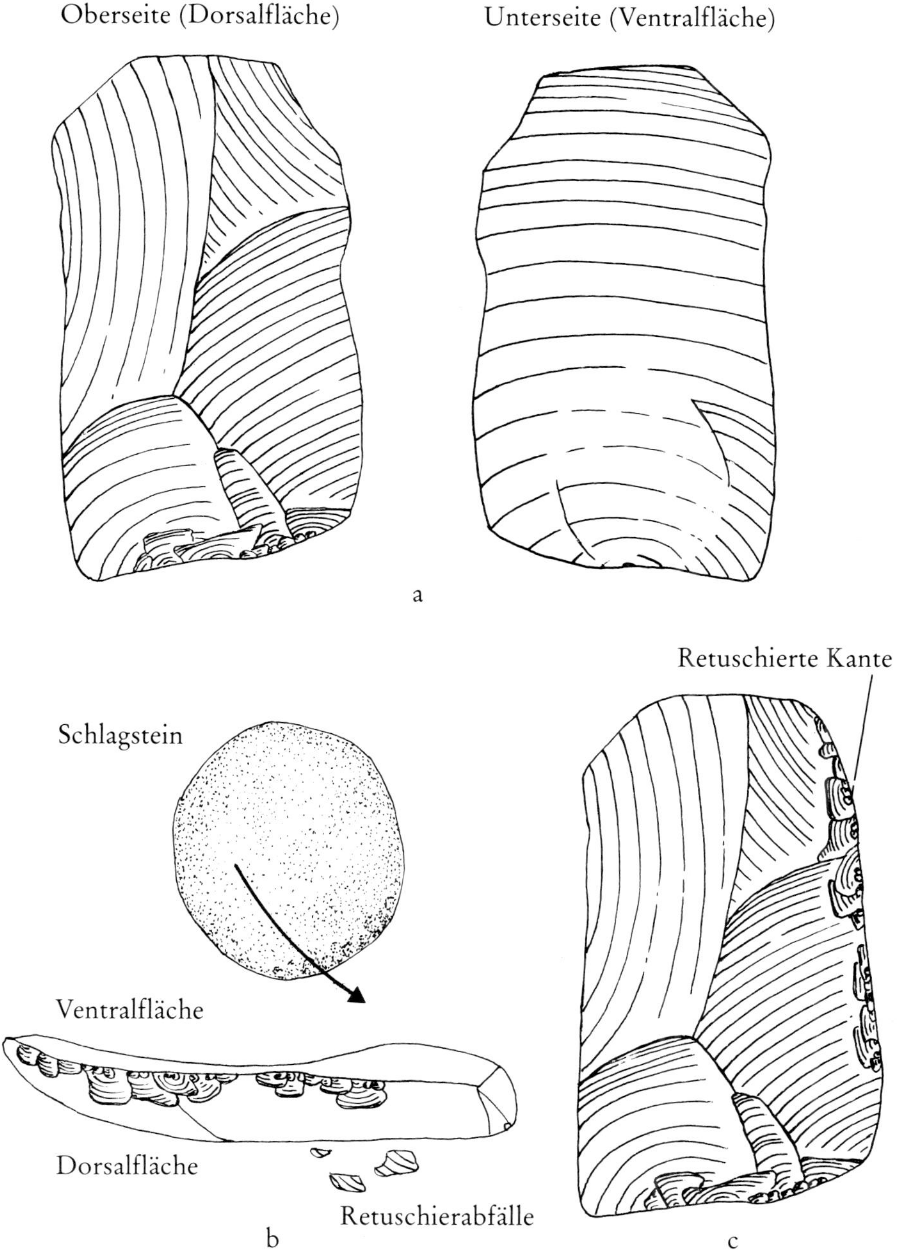

Abb. 24. Kantenbearbeitung (Retuschierung) eines Abschlages.
a) Abschlag; b) Kantenbearbeitung (Retuschierung); c) retuschiertes Abschlagwerkzeug.

Abschläge mit einer meist leicht bogenförmig retuschierten Kante werden als Schaber bezeichnet (Abb. 25). Es kommen auch Abschläge mit zwei Schaberkanten (Doppelschaber) vor. Aus anderen Abschlägen wurden Spitzen gearbeitet, bei denen zwei retuschierte Kanten in einem spitzen Winkel zusammenlaufen (vgl. Abb. 13). Solche aus Abschlägen gearbeitete Schaber und Spitzen waren die wichtigsten Steinwerkzeuge der Neandertaler (Taf. 16).

Durch mikroskopische Untersuchungen ist es oft möglich, die tatsächliche Verwendung der gefundenen Steinwerkzeuge zu erkennen. Diese Arbeiten basieren auf umfangreichen Versuchsreihen und dem Vergleich modern entstandener Gebrauchsspuren mit solchen an den Fundstücken. Für die Zeit der Neandertaler sind derartige Untersuchungen noch selten. V. E. Ščelinskij hat die Artefakte aus der unteren Fundschicht von Ketrosy am Dnestr analysiert und dabei festgestellt, daß die meisten Stücke zum Schneiden benutzt wurden. Meist sind es Abschläge ohne weitere Bearbeitung, deren scharfe Kanten zum Schneiden dienten. An zweiter Stelle stehen Werkzeuge, mit denen hartes Material – Holz, Knochen, Geweih oder Elfenbein – geschabt wurde. Da die in Ketrosy und an vielen anderen Fundplätzen erhaltenen Knochen-, Geweih- und Elfenbeinstücke nur selten solche Arbeitsspuren zeigen, dürfte es sich hier in erster Linie um Spuren handeln, die bei der Holzbearbeitung entstanden sind. Vor allem die Schaberformen mit retuschierten Arbeitskanten (wie Abb. 25) wurden dafür benutzt. Schließlich gibt es in Ketrosy Steinartefakte, mit denen, nach den Gebrauchsspuren zu urteilen, Löcher in nicht zu hartes Material gebohrt wurden. Es sind dies vor allem Abschläge mit vorspringenden Ecken.

In Ketrosy handelt es sich um einen nur kurzfristig und vor allem zur Jagd aufgesuchten Platz. Die hier mit den Abschlagwerkzeugen ausgeführten Arbeiten

- Schneiden, vielleicht Zerwirken der Tiere
- Schaben von Holz, vielleicht der hölzernen Lanzen
- Durchbohren von nicht zu hartem Material, vielleicht der Felle

könnten im Zusammenhang mit dem speziellen Charakter des Fundplatzes stehen.

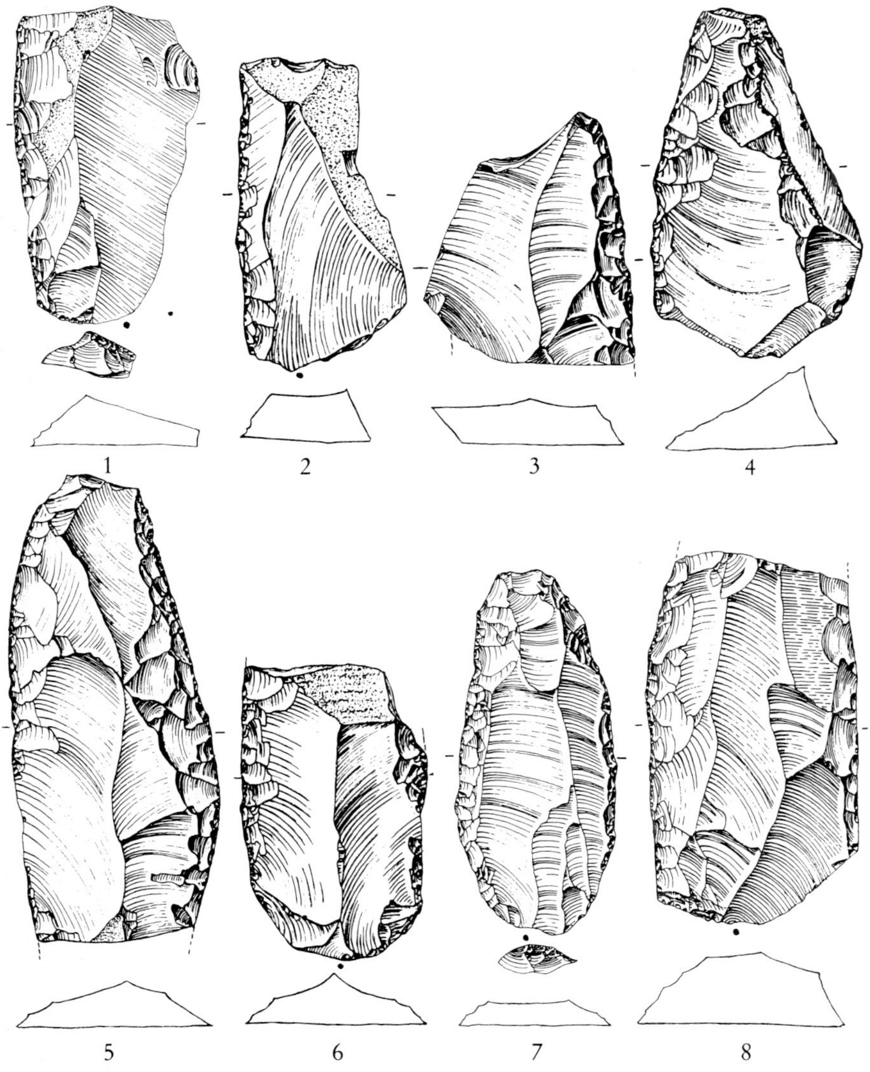

Abb. 25. Schaber (1–4) und Doppelschaber (5–8) aus Feuerstein. Rheindahlen, Fundschicht B 3. – Maßstab 2:3.

Kerntechnik

Bei einer anderen Bearbeitungstechnik wurden nicht die abgetrennten Abschläge, sondern der Kern des Rohstückes verwendet (Abb. 26). Dabei wurde das Rohstück beidflächig behauen; die Mitte des Stückes bildete dann das Werkzeug.

Kerngeräte

Das wichtigste Kerngerät ist der Faustkeil (Taf. 17). Es gibt sehr unterschiedliche und wohl auch unterschiedlich benutzte Faustkeilformen. Meist ist die Spitze besonders sorgfältig zugerichtet, das untere Ende dagegen gröber behauen und dick. Bei solchen Faustkeilen diente die Spitze als Arbeitsende. Daneben gibt es Faustkeile, bei denen eine Längskante als beidflächig geschärfte Schneidekante zugerichtet ist; hier handelt es sich um Messerformen.

Dünne, langgestreckte Kerngeräte mit regelmäßigem Umriß und beidendiger Zuspitzung werden als Blattspitzen bezeichnet (Taf. 18). Solche Blattspitzen treten ganz am Ende der Zeit der Neandertaler im südöstlichen Mitteleuropa und in Osteuropa auf. Die Herstellung der Blattspitzen bezeugt großes Geschick bei der Steinbearbeitung. Die Verwendung dieser Stücke ist ungeklärt; es könnten Waffenspitzen, aber auch geschäftete Schneideinstrumente gewesen sein.

Die Herstellung der Steinwerkzeuge nimmt nur wenig Zeit in Anspruch. Mit etwas Übung können alle Steinwerkzeugformen der Neandertaler in wenigen Minuten hergestellt werden. Wenn ausreichend Rohmaterial vorhanden war, stellten die schnell hergestellten Steinwerkzeuge keine Wertgegenstände dar. Man ließ die Stücke oft zurück und stellte sich am nächsten Aufenthaltsort neue Werkzeuge her. Deshalb finden wir an den Siedlungsplätzen häufig zahlreiche noch gebrauchsfähige Steinwerkzeuge.

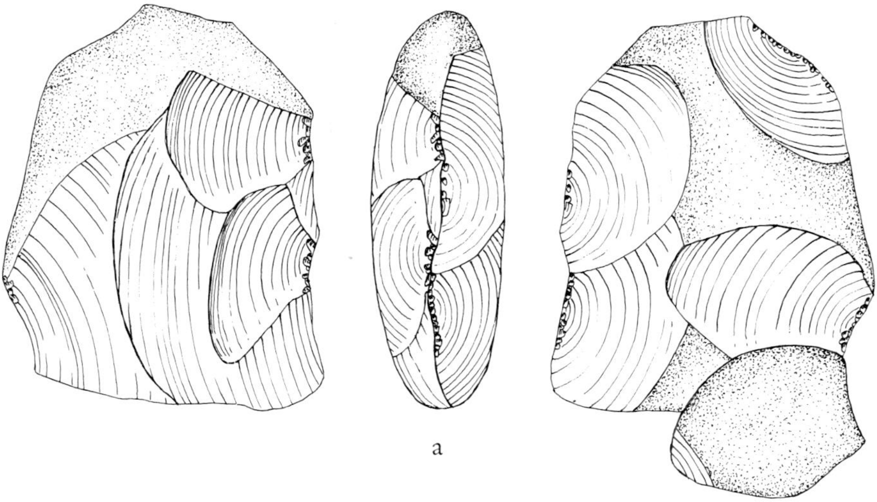

a

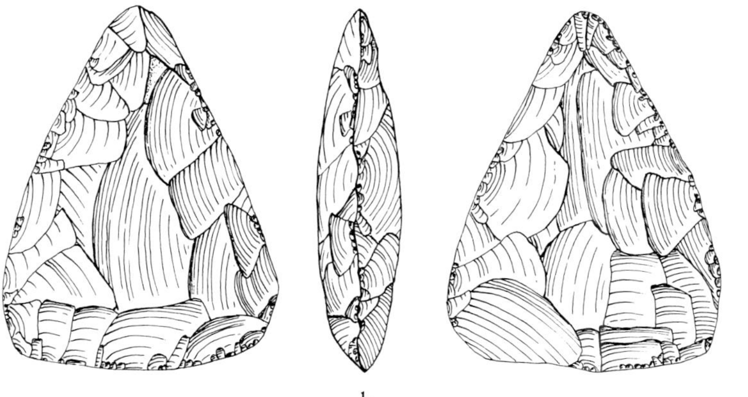

b

Abb. 26. Kerntechnik.
a) Behauen des Rohstücks auf Ober- und Unterseite; b) fertiges Kerngerät (Faustkeil).

Formengruppen von Steinwerkzeugen

Nach dem unterschiedlichen Spektrum der Steinwerkzeugformen lassen sich die Fundplätze der Neandertaler zu verschiedenen Formengruppen ordnen. Diese Formengruppen sind z. B. durch das Vorkommen von Abschlagwerkzeugen mit charakteristischen Schaber- und Spitzenformen, durch eine vorwiegend beidflächige Bearbeitungstechnik oder durch eine typische Vergesellschaftung von Faustkeilformen und aus Abschlägen hergestellten Schabern, Spitzen und Messern gekennzeichnet.

Hierzu einige Beispiele: Das Charentien (Moustérien), Typ Ferrassie, ist durch Abschlagwerkzeuge und, bei der Herstellung der Abschläge, durch die Levalloistechnik gekennzeichnet (Abb. 27). Charakteristische Formen sind Schaber, Doppelschaber, Spitzen und Doppelspitzen. Diese Formengruppe ist vor allem in Westeuropa, aber auch in unserem Gebiet verbreitet und sowohl aus der vorletzten Eiszeit als auch aus dem ersten Teil der letzten Eiszeit bekannt.

Das Micoquien (Bocksteinkultur), Typ Bockstein, ist durch Kerngeräte charakterisiert (Abb. 28). Typisch sind kleine spitze Faustkeile, Faustkeilblätter und Keilmesser mit geradem Rücken (Bocksteinmesser). Der Typ Bockstein des Micoquien ist am Ende der letzten Warmzeit vor allem in Ost- und Mitteleuropa, aber auch in Westeuropa verbreitet.

Das Moustérien de tradition acheuléenne (MtA), Typ A, ist durch regelmäßige dreieckige und herzförmige Faustkeile, rückengestumpfte Messer aus langgestreckten Abschlägen sowie Schaber und Kratzer charakterisiert (Abb. 29). Diese Formengruppe ist im ersten Teil der letzten Eiszeit in Südwesteuropa verbreitet.

Die Altmühlgruppe ist durch verschiedene Formen von Blattspitzen definiert, die zusammen mit Schabern und Spitzen aus Abschlägen vorkommen (Abb. 30). Die Altmühlgruppe fällt in das Ende der Neandertalerzeit in der Mitte der letzten Eiszeit; ihr Verbreitungsgebiet liegt im südlichen Mitteleuropa und ist eng mit ähnlichen Erscheinungen in Osteuropa verbunden.

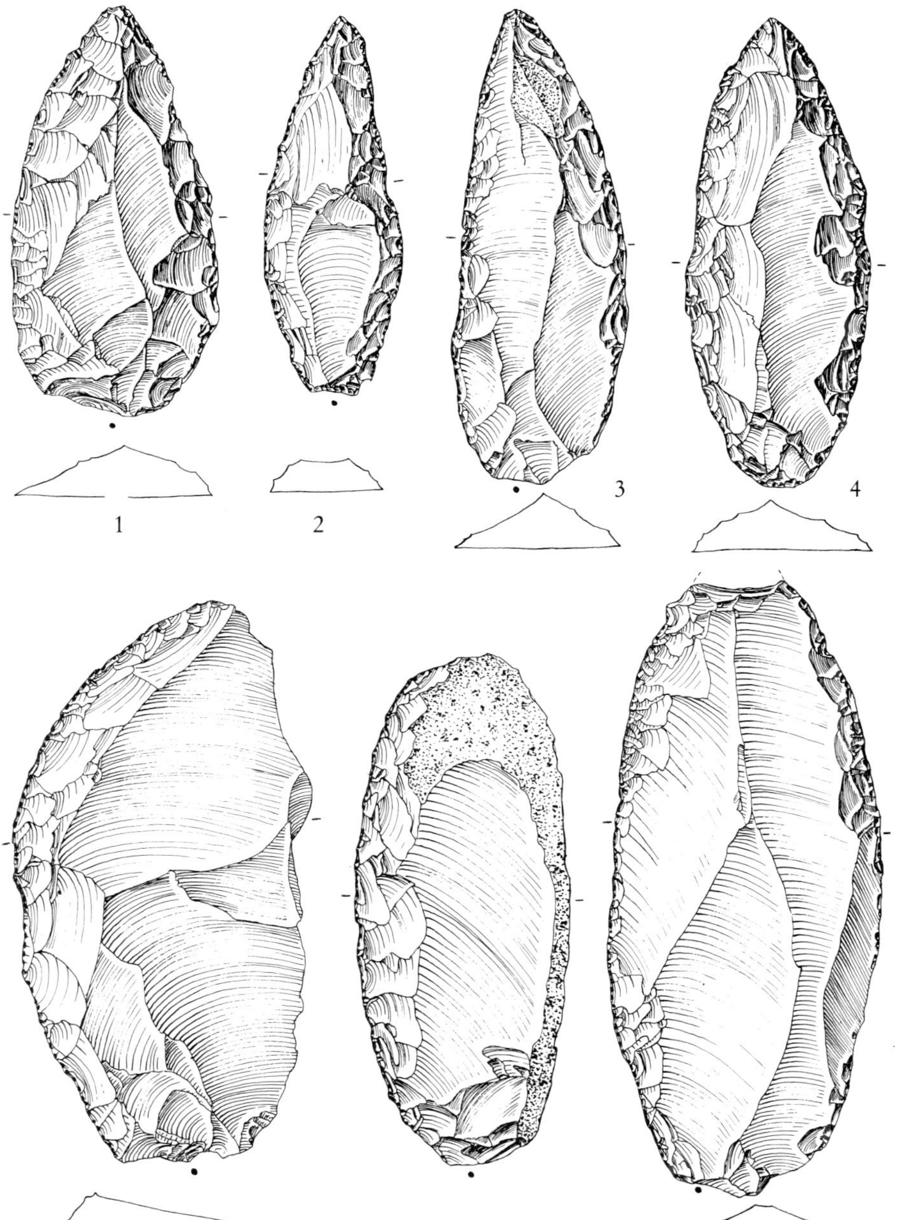

Abb. 27. Steinwerkzeugformen des Charentien (Moustérien), Typ Ferrassie, vom Fundplatz La Ferrassie (Dordogne, Frankreich). 1–4 Spitzen; 5–6 Schaber; 7 Doppelschaber. – Maßstab 2 : 3.

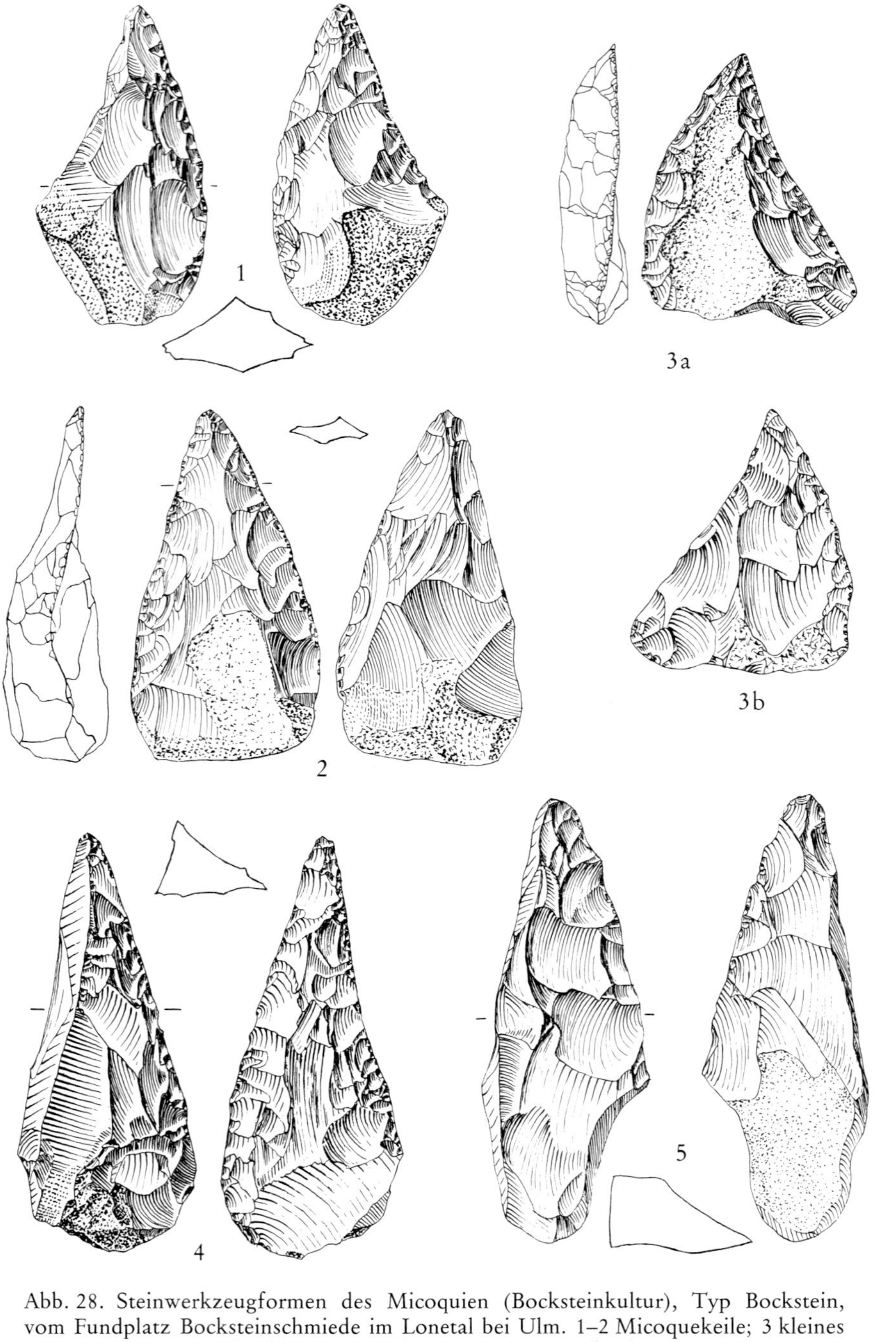

Abb. 28. Steinwerkzeugformen des Micoquien (Bocksteinkultur), Typ Bockstein, vom Fundplatz Bocksteinschmiede im Lonetal bei Ulm. 1–2 Micoquekeile; 3 kleines Faustkeilblatt; 4–5 Bocksteinmesser. – Maßstab 2:3.

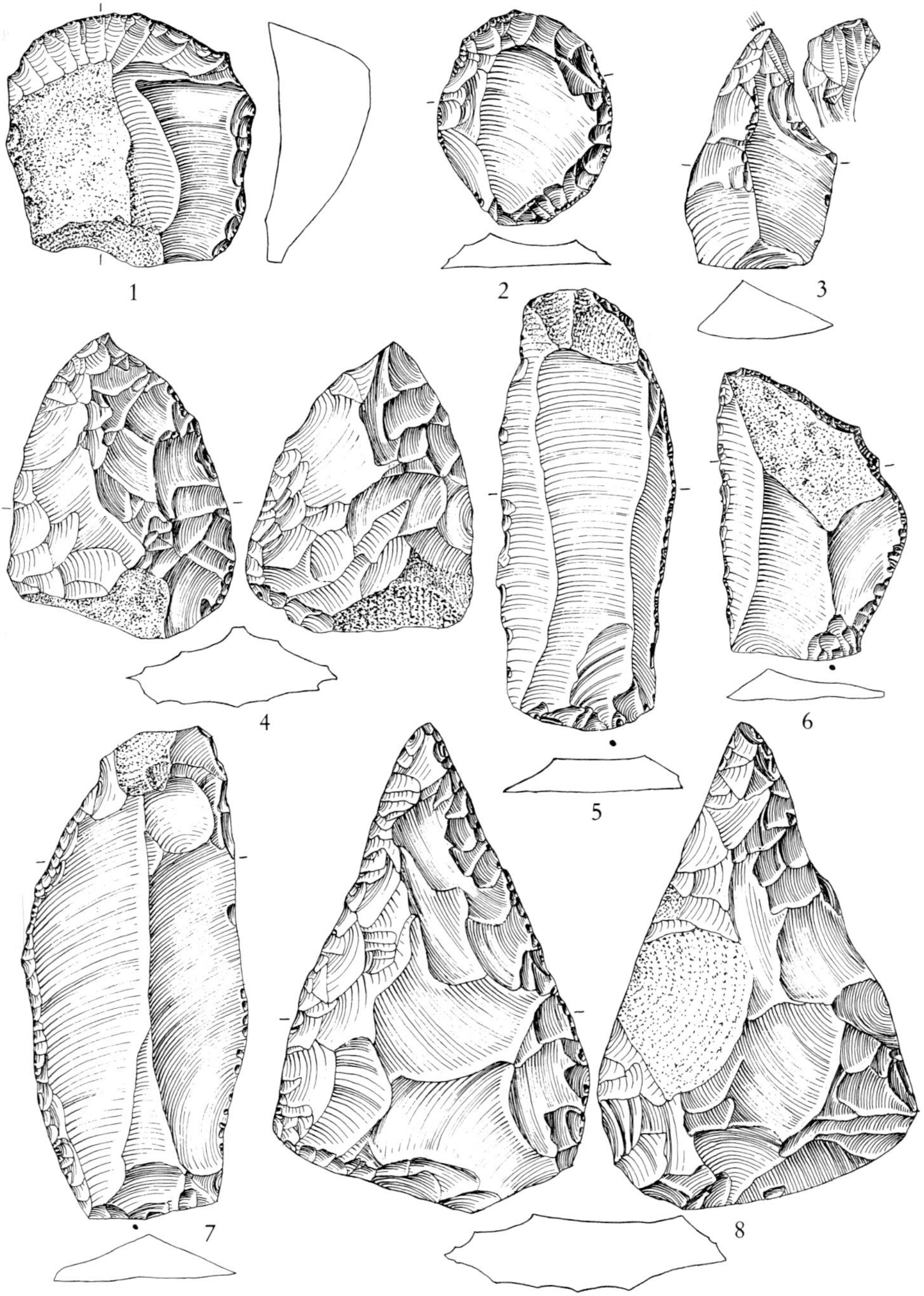

Abb. 29. Steinwerkzeugformen des Moustérien de tradition acheuléenne (MtA), Typ A, vom Fundplatz Le Moustier, unteres Abri (Abri Peyrony), Schicht G (Dordogne, Frankreich). 1–2 Kratzer; 3 Stichel; 4 und 8 Faustkeile; 5–7 rückengestumpfte Messer. – Maßstab 2 : 3.

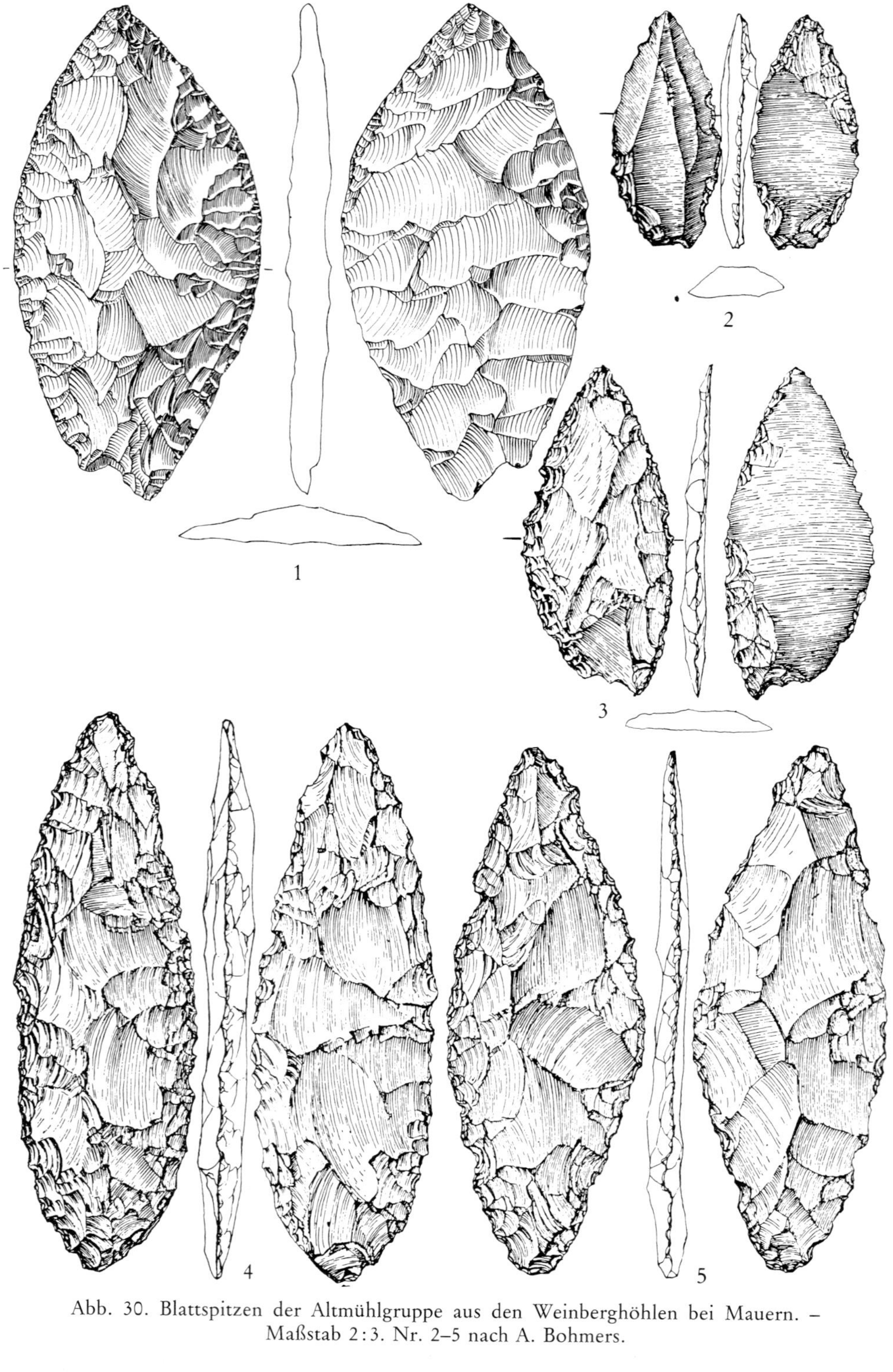

Abb. 30. Blattspitzen der Altmühlgruppe aus den Weinberghöhlen bei Mauern. – Maßstab 2:3. Nr. 2–5 nach A. Bohmers.

Solche Formengruppen können immer nur positiv durch das Auftreten bestimmter und charakteristischer Werkzeugformen definiert werden. Aus dem Fehlen aussagefähiger Formen läßt sich dagegen keine Formengruppe konstruieren. Es gibt Siedlungsplätze der Neandertaler, an denen typische Steinwerkzeugformen fehlen. Das kann darauf hinweisen, daß hier die Steinbearbeitung weniger wichtig war und daß z. B. viele hölzerne Geräte in Gebrauch waren.

Die Formengruppen, die manchmal auch als 'Kulturen' bezeichnet werden, stellen Raum-Zeit-Einheiten dar. Hinter ihnen verbirgt sich kaum mehr als menschliches Verhalten, aufgrund von Gewöhnung in bestimmten Zeiten und Gebieten bestimmte Dinge zu tun. So betrachtet sind die verschiedenen Formengruppen mit ihren unterschiedlichen Werkzeugspektren aus unterschiedlichen Traditionen bei der Steinbearbeitung entstanden. Entsprechend wird die zeitliche Tiefe einer Formengruppe durch die Tradition erklärt. Die räumliche Verbreitung einer solchen Formengruppe spiegelt dagegen das Gebiet wider, innerhalb dessen Kontakte bestanden.
Die unterschiedlichen Formengruppen von Steinwerkzeugen in der Zeit der Neandertaler lassen folglich auf Menschengruppen mit unterschiedlichen Traditionen und Gewohnheiten schließen. Unklar bleibt, inwieweit sich diese Menschengruppen voneinander unterschieden.

Literaturhinweise

G. Bosinski, Die mittelpaläolithischen Funde im westlichen Mitteleuropa. Fundamenta A/4 (Köln-Graz 1967).

R. Feustel, Technik der Steinzeit (Weimar 1973).

S. Veil (Hrsg.), Alt- und mittelsteinzeitliche Fundplätze des Rheinlandes. Kunst und Altertum am Rhein 81 (Köln 1978).

W. Baumann und D. Mania, Die paläolithischen Neufunde von Markkleeberg bei Leipzig. Mit Beiträgen von V. Toepfer und L. Eissmann. Veröffentlichungen des Landesmuseums Dresden 16 (Berlin 1983).

Bearbeitung von Holz und Knochen

Die Holzbearbeitung spielte in der Zeit der Neandertaler wahrscheinlich eine große Rolle. Es wurde bereits erwähnt, daß die Untersuchung der Gebrauchsspuren gezeigt hat, daß die zahlreichen Schaberformen zur Holzbearbeitung dienten. Erhaltene Holzgegenstände sind jedoch äußerst selten. Am wichtigsten ist die bereits beschriebene Eibenholzlanze von Lehringen. Die Lanze ist auf ihrer ganzen Länge sorgfältig zugearbeitet worden. Dabei war der Spitzenteil, der zusätzlich im Feuer gehärtet wurde, besonders wichtig (Abb. 12 a). Am Schaft sind die Arbeitsspuren von einem Steinwerkzeug zu erkennen, das mehrfach neu angesetzt wurde (Abb. 12b). Außer der Lanze von Lehringen ist noch ein angespitzter Stock bekannt, der sich in feuchten Ufersedimenten in Königsaue erhalten hat.

Manche Steinwerkzeuge waren in hölzernen Griffen geschäftet. In Königsaue und in der Höhle Bocksteinschmiede im Lonetal wurden Harzstückchen von Nadelhölzern gefunden. In Königsaue trägt das Harz den Abdruck einer retuschierten Steinwerkzeugkante. Es scheint, als seien Steinwerkzeuge mit Harz in hölzernen Griffen befestigt worden.

Knochen, Geweih und Elfenbein wurden ebenfalls bearbeitet. Gewölbte Knochenstücke dienten als Arbeitsunterlage bei der Steinbearbeitung. Knochen sind auch wie Stein an den Kanten behauen worden. Kürzlich wurde sogar ein Faustkeil aus einem Elefantenknochen gefunden (Abb. 31). Zugespitzte Elefantenrippen sind vor

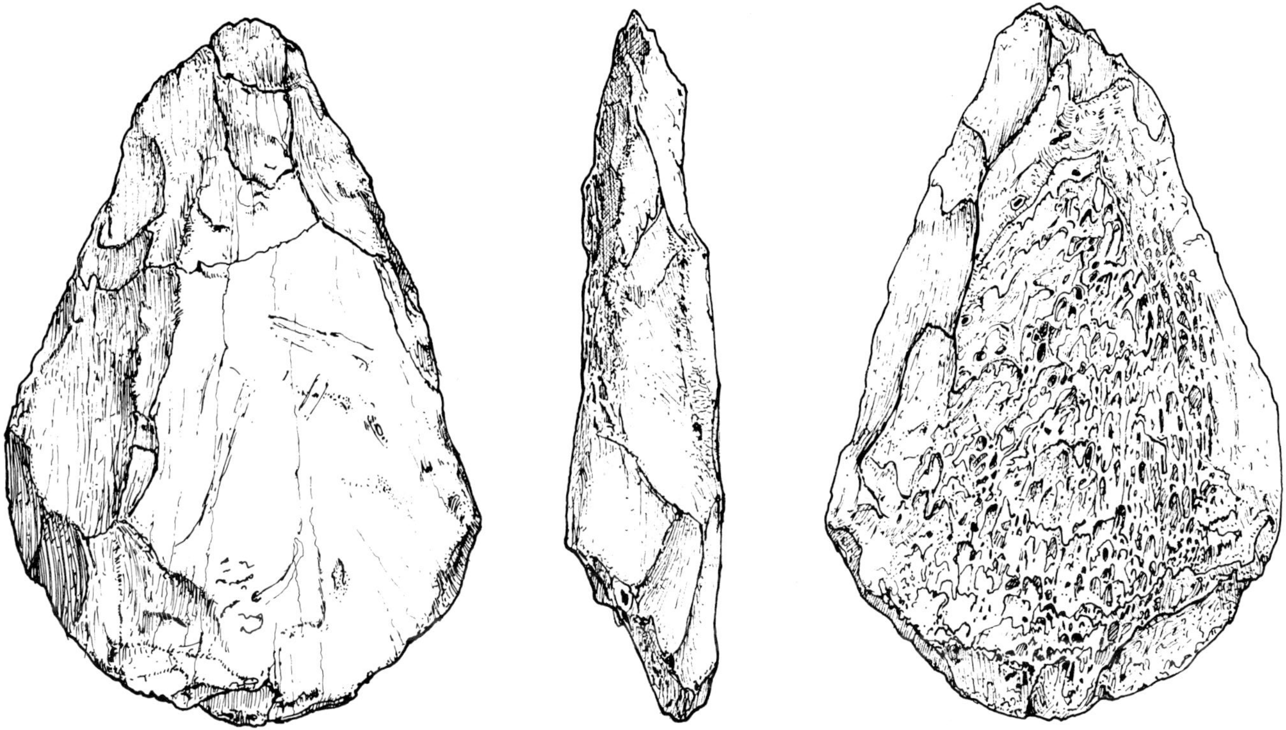

Abb. 31. Faustkeil aus einem Elefantenknochen von Rhede (Westfalen). – Maßstab 2:3. Nach G. Tromnau.

allem von einem Fundplatz in Salzgitter-Lebenstedt bekannt. Gelegentlich, so in Buhlen in Nordhessen, gibt es geschliffene Knochenspitzen. Aus Hirsch- und Rengeweih stellte man Hacken und hammerartige Geräte her (Abb. 32). Dabei dienten der abgetrennte Schaft als Griff und die zurechtgebrochenen Sprossen als Arbeitsenden.

Literaturhinweise

L. FIEDLER, Bearbeitete Knochen und Geweihe vom mittelpaläolithischen Fundplatz Buhlen (Hessen). Archäologisches Korrespondenzblatt 9, 1979, S. 1–6.

G. TROMNAU, Ein Mammutknochen-Faustkeil aus Rhede, Kreis Borken (Westfalen). Archäologisches Korrespondenzblatt 13, 1983, S. 287–289.

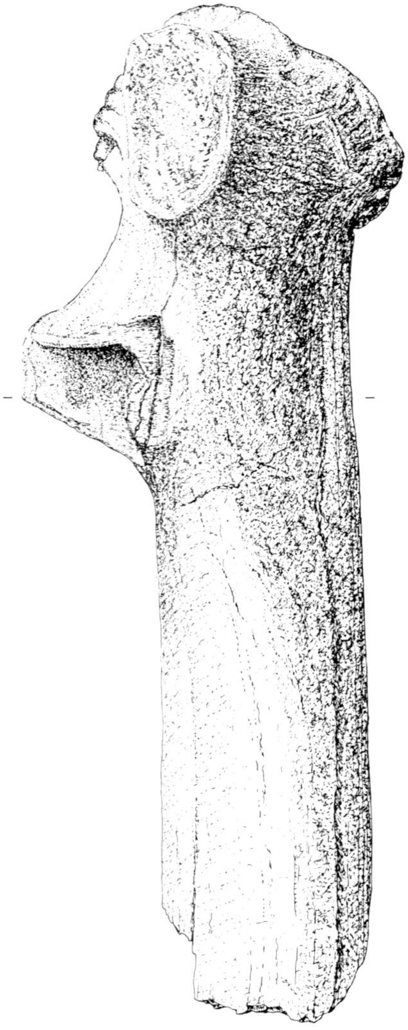

Abb. 32. Geweihgerät von Ariendorf (Mittelrhein). – Maßstab 1:3. Nach E. Turner.

Anfänge von Schmuck und Kunst

An den Wohnplätzen der Neandertaler sind mehrfach Farbstückchen gefunden worden. Dabei handelt es sich um rote oder gelbe Eisenoxyde sowie um schwarze Manganstücke. Solche Farbstücke waren besonders zahlreich in den Siedlungsschichten unter den Felsdächern von La Ferrassie und Pech de l'Azé (Dordogne, Frankreich). Sie begegnen uns jedoch auch in den Freilandbehausungen (Molodova).

Die Farbbrocken tragen oft Abreibfacetten oder sind als Farbstifte zugespitzt. In Rheindahlen, Fundschicht B3, wurde eine Quarzitplatte mit einer eingeschliffenen leichten Vertiefung entdeckt; vielleicht wurden Farbstücke auf solchen Reibplatten zu Pulver zerrieben. Die rote Farbe wurde bereits in der Zeit der Neandertaler in Gruben gewonnen, wie die von G. Mészáros und L. Vértes in Lovas am Plattensee untersuchte Fundstelle zeigt. Dabei wurden zugespitzte Knochengeräte aus Elch-, Hirsch- und Steinbockknochen als Werkzeuge benutzt.

Die Bedeutung der roten Farbe wird durch ihre Verwendung im Grabbrauch unterstrichen. Das Grab von La Chapelle-aux-Saints (Corrèze, Frankreich) und Gräber von Qafzeh (Palästina) enthielten rote Farbbrocken, ein Stück in Qafzeh mit deutlichen Abreibspuren (Abb. 33,1).

Anhänger als Schmuckstücke sind in der Zeit des Neandertalers außerordentlich selten. Vom Fundplatz La Quina (Charente) gibt es ei-

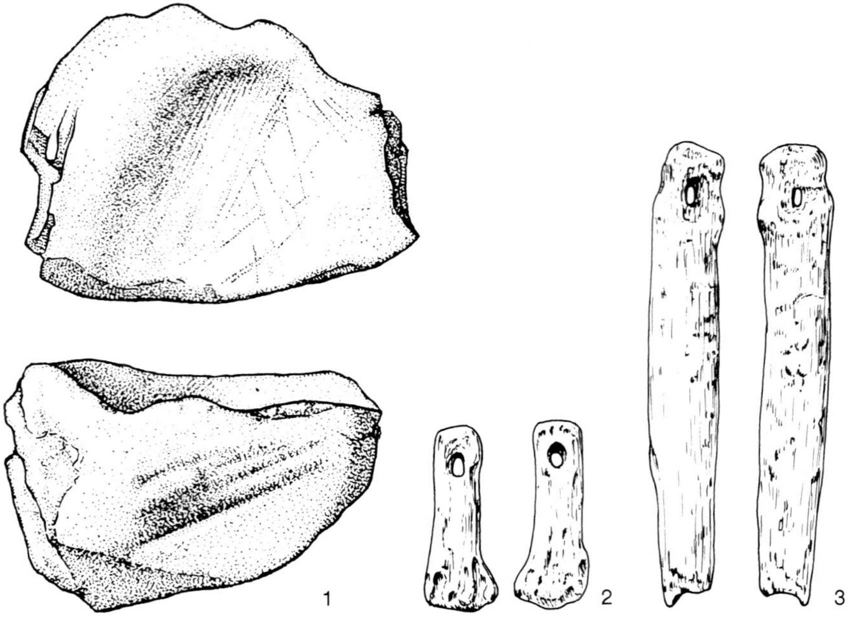

Abb. 33. 1 roter Farbbrocken mit Abreibspuren aus einem Grab von Qafzeh (Palästina); 2–3 durchbohrter Schwanzwirbel (2) und durchbohrtes Metapodium (3) eines Wolfes aus der Bocksteinschmiede im Lonetal. – Maßstab 1:1. Nach B. Vandermeersch (1) und R. Wetzel (2–3).

nen Fuchszahn, der möglicherweise eine angefangene Durchbohrung zeigt. In der Bocksteinschmiede im Lonetal fand R. Wetzel einen durchbohrten Schwanzwirbel vom Wolf und ein anderes durchbohrtes Knochenstück (Abb. 33, 2–3). Damit sind alle als Anhänger in Frage kommenden Stücke bereits aufgezählt. Durchbohrte Tierzähne oder Perlen spielten in dieser Zeit offensichtlich noch keine Rolle.

Sehr vage sind auch die Anfänge künstlerischer Betätigung. Gelegentlich, so in La Ferrassie (Dordogne), gibt es Knochenstücke mit eingeschnittenen Linien, die so regelmäßig angeordnet sind, daß sie kaum beim Zerlegen der Jagdbeute entstanden sein können. Der

Deckstein eines Kindergrabes von La Ferrassie trägt auf seiner Unterseite mehrere eingebohrte Näpfchen, wie sie sich auch später, und dann zusammen mit Gravierungen und Malereien, finden.

Wenn auch die Zeugnisse für Schmuck und Kunst aus der Zeit der Neandertaler noch sehr gering sind, so darf nicht vergessen werden, daß vieles aus vergänglichem Material bestanden haben wird. Ein Gang durch ein völkerkundliches Museum lehrt eindrucksvoll, daß die meisten Gegenstände, nicht nur Schmuck und viele Kunstwerke, aus Holz, Federn, Leder oder Geflecht bestehen und so nicht die geringste Chance hatten, die Zeit zu überdauern.

Nachwort

Der Neandertaler und seine Zeit sind uns seit Johann Fuhlrotts Entdeckung im August 1856 deutlich näher gerückt. Verschiedene Wissenschaften – Archäologie, Anthropologie, Geologie, Paläobotanik, um die wichtigsten zu nennen – haben hier zusammengewirkt. Ganz im Sinne von Rudolf Virchow, der 1873 im Vorwort zu einem Buch von John Lubbock forderte:

> „Der Mensch mit seinem ganzen Thun und Treiben, seinem Denken und Meinen, seinem inneren Wesen soll wieder entdeckt, soll aufgefunden werden in einer Zeit, von der Niemand etwas weiß, und unter ganz anderen Umgebungen, als die gegenwärtigen. Andere Thiere umgaben ihn; andere Pflanzen fesselten seine Aufmerksamkeit. Vielleicht hatte die Erde selbst eine andere Gestalt, ein anderes Klima. Nicht nur der Anatom, sondern auch der Zoolog, der Botaniker, der Geolog, der Astronom müssen hier mitwirken, gleichwie die prähistorische Archäologie da sie nicht mehr blos die Kunst, sondern auch das roheste Gewerbe, ja die menschliche Arbeit überhaupt zum Gegenstande ihrer Betrachtungen machen muß".

Und doch bleibt vieles offen. Die kommende Zeit wird Lücken unserer Kenntnis füllen, soweit dies die 'Prähistorie' kann, von der Virchow an gleicher Stelle meint, daß sie kein 'Fach' sei, sondern daß alle 'Fächer' an ihr beteiligt seien. Die größte Schwierigkeit ist dabei weder die lang zurückliegende Zeit noch die mangelhafte Überlieferung, sondern unsere so andersartige Welt des 20. Jahrhunderts, die uns die Zeit des Neandertalers kaum noch verstehen läßt.

TAFELN

TAFEL 1

Das Neandertal vor dem Kalkabbau. Nach J. H. Bongard, 1835.

Links die Klippen des Rabensteins. Im Vordergrund, mit den beiden Kletterern, der 'Neanderstuhl' oberhalb der Neanderhöhle. Gegenüber, auf der anderen Talseite, die portalartige Öffnung der 'Feldhofer Kirche'. Die 'Kleine Feldhofer Grotte' mit dem Neandertaler-Fund lag rechts von der Feldhofer Kirche.

TAFEL 2

Die Neanderhöhle. Nach J. H. Bongard.

Ansicht des Südeingangs über der Düssel, unterhalb des 'Neanderstuhls' (vgl. Taf. 1). Im Hintergrund der zweite Eingang der 27 m langen, 7,50 m breiten und 4,80 m hohen Tunnelhöhle.

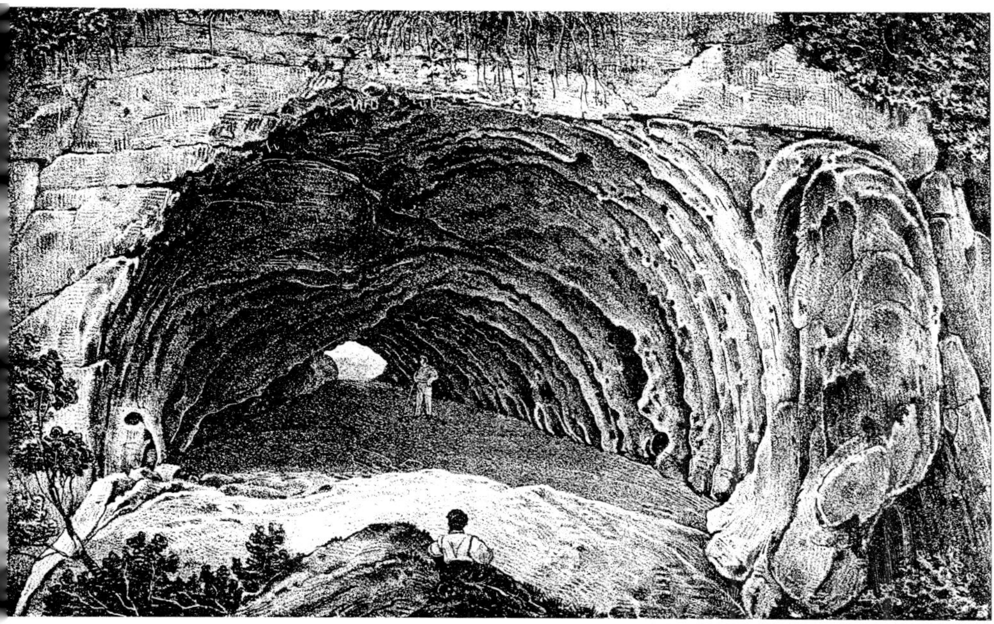

TAFEL 3

Joachim Neander. 1650–1680. Nach H. Ackermann.

Reformierter Prediger und Dichter ('Lobe den Herren, den mächtigen König der Ehren'). Rektor der reformierten Lateinschule in Düsseldorf 1674–1679.

JOACHIM NEANDER

geb. zu Bremen, als Rector der ref. lat. Schule zu Düsseldorf von 1674 - 1679, + 31. Mai 1680 als Prediger der Martinigemeinde zu Bremen.

1. Cor. 15, 58.

Ἀμετακίνητος ἐν κυρίῳ

Ni louange Ni mensonge.

Jch will mich lieber zu Tode hoffen als durch Unglauben verloren gehen.

TAFEL 4
Fest der Düsseldorfer Malerakademie in der Neanderhöhle 1826.
Gemälde von Sonderland. Original im Stadtmuseum Düsseldorf.

TAFEL 5

Das Neandertal während des Kalkabbaus 1885.

Die Felsen auf dem linken Düsselufer mit den beiden Feldhofer Grotten sind bereits beseitigt; die Kleine Feldhofer Grotte lag zwischen den Geleisen der Lorenbahn und dem linken Bildrand. Im Mittelgrund der Rest der Neanderhöhle auf dem rechten Düsselufer. Darüber, oben auf dem Felsen, befand sich der 'Neanderstuhl' (vgl. Taf. 1). Rechts vorne, zwischen den beiden Brücken, der bis heute erhaltene Rest des Rabensteins. Zwischen den Felsen mit der Neanderhöhle und dem Rabenstein der Einschnitt der 'Wolfsgrube'.

TAFEL 6

Johann Carl Fuhlrott. 1803–1877.

Naturforscher und Lehrer in Elberfeld. Entdecker des Neandertal-Fundes.

TAFEL 7
Darin skizziert die ehemaligen Höhlen und Felsbildungen.
Luftbild
(freigegeben Reg.Präs. Nr. 43 R 17).
Photo P. Happel.

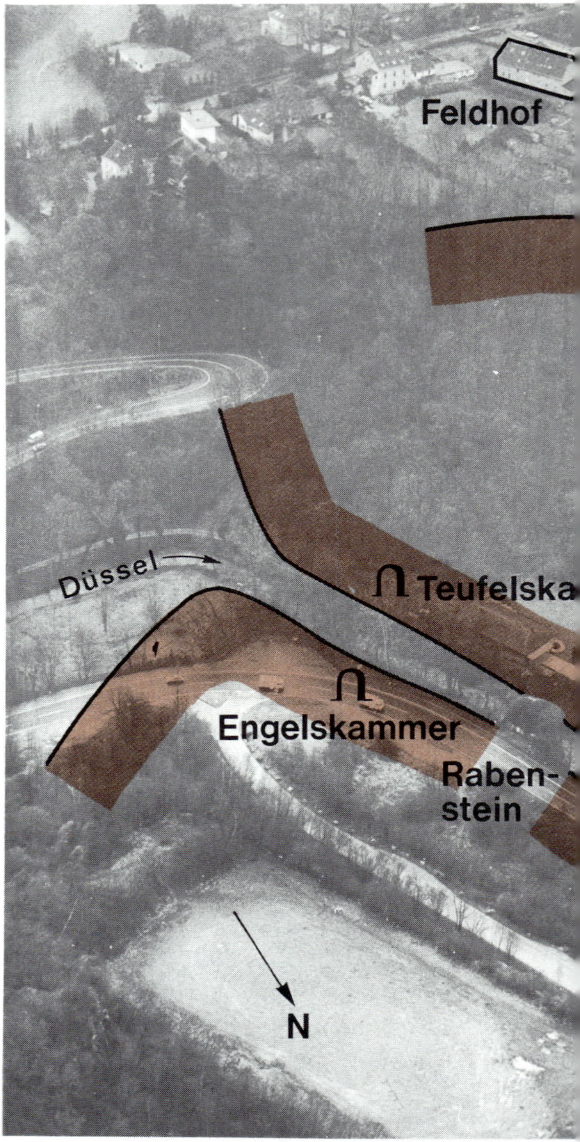

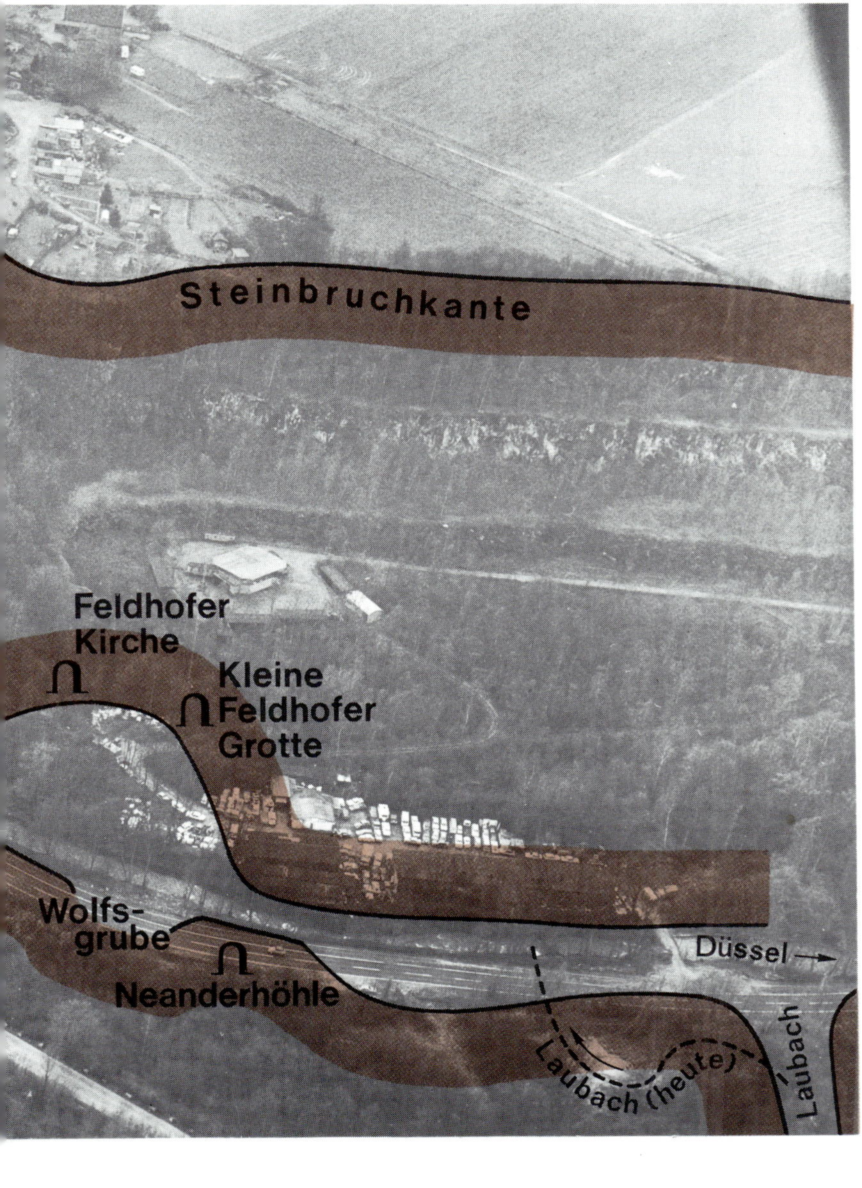
Steinbruchkante
Feldhofer Kirche
Kleine Feldhofer Grotte
Wolfs-grube
Neanderhöhle
Düssel
Laubach (heute)
Laubach

TAFEL 8

Hermann Schaaffhausen. 1816–1893.
Anatom und Urgeschichtler in Bonn. Wissenschaftlicher Bearbeiter des Neandertal-Fundes.

TAFEL 9

Philippe-Charles Schmerling. 1791–1836.

Nach M. Carpentier-Lejeune.

Arzt und Naturforscher in Lüttich. Bei seinen Ausgrabungen in den Höhlen von Engis bei Lüttich entdeckte Schmerling bereits 1830 menschliche Knochen zusammen mit Steinwerkzeugen und Knochen heute ausgestorbener Tiere.

TAFEL 10

Der Urmensch nach der Beschreibung von Ernst Haeckel.
Lithographie von Muston, 1887.

L'HOMME PRIMITIF
Suivant la description d'Ernest Hæckel, professeur à l'Université d'Iéna

TAFEL 11

Bild des Neandertalers von La Chapelle-aux-Saints von František Kupka, 1909.

TAFEL 12

Rekonstruktion des Neandertalers von La Chapelle-aux-Saints von Gerhard Wandel 1962. Die Statue ist über den Abgüssen der Knochen modelliert und gibt Kopf und Körper, so weit sie rekonstruierbar sind, wieder.

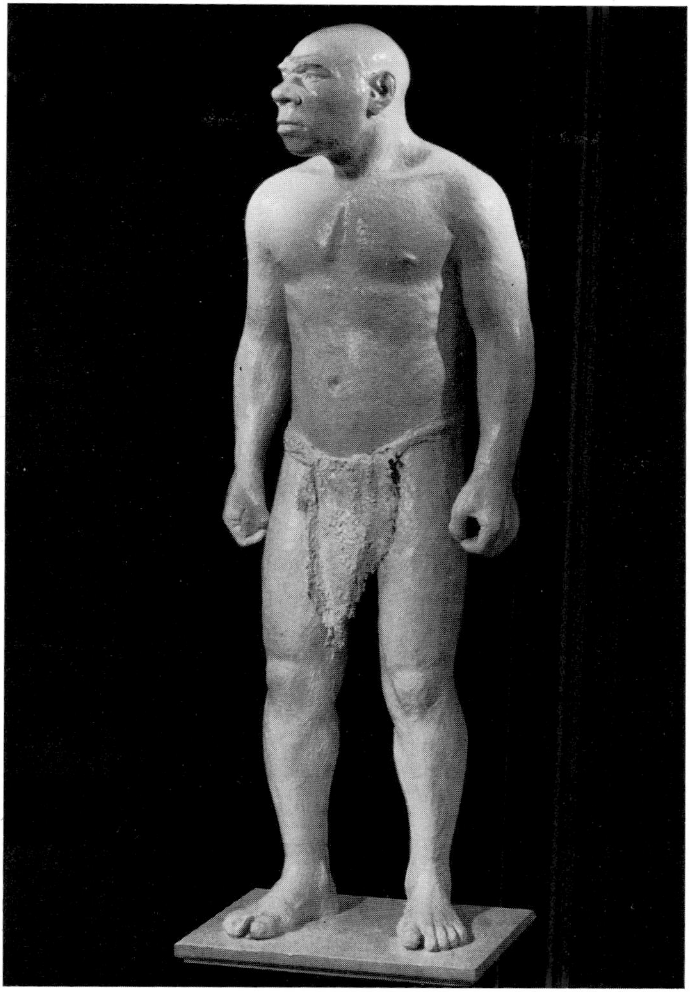

TAFEL 13

Hockender Neandertaler. Plastik von Gerhard Wandel.

TAFEL 14

Der Südeingang der Kartsteinhöhle bei Mechernich in der Eifel.

TAFEL 15

Grundriß einer Behausung im Löß der vorletzten Eiszeit bei Ariendorf am Mittelrhein.

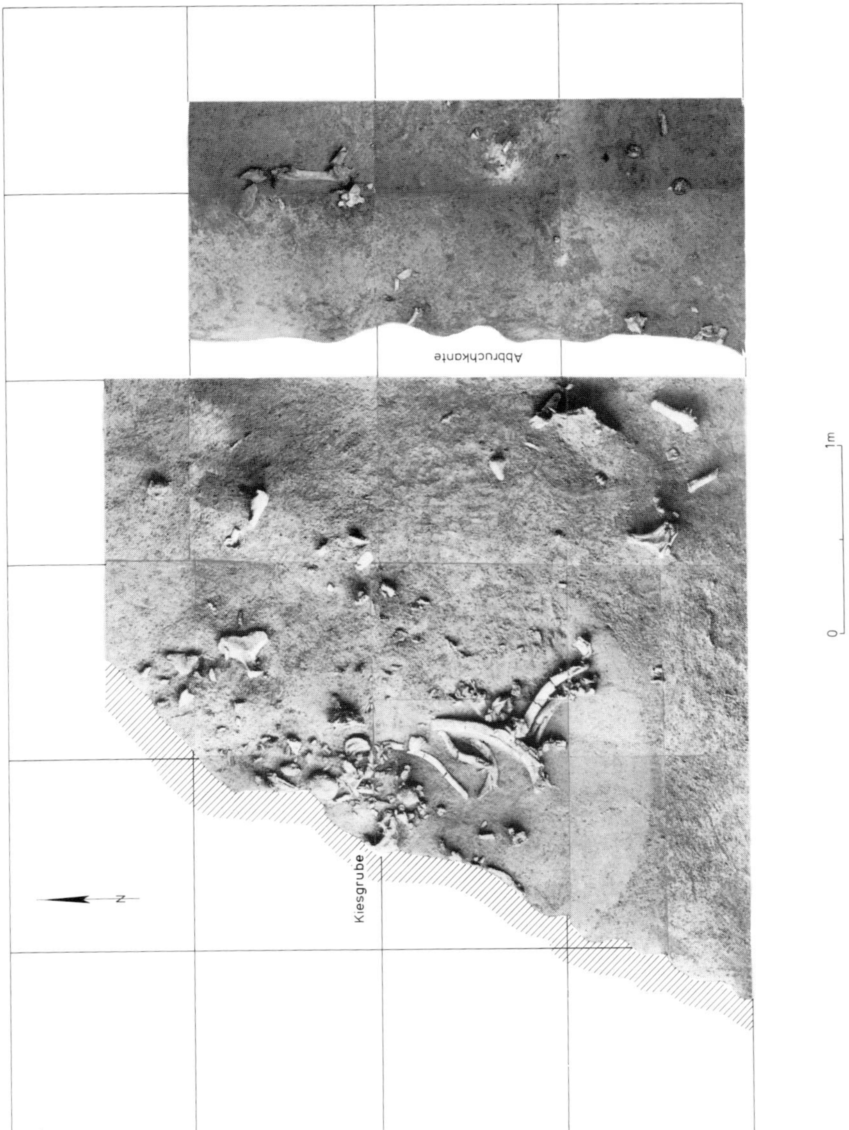
Abbruchkante
1m
0
Kiesgrube
N

TAFEL 16

Spitzen und Schaber aus Feuerstein. Rheindahlen, Fundschicht B 3.
Natürliche Größe. Photo C. Fuchs.

TAFEL 17
Der Faustkeil von Elmpt (Niederrhein).
Natürliche Größe.

a

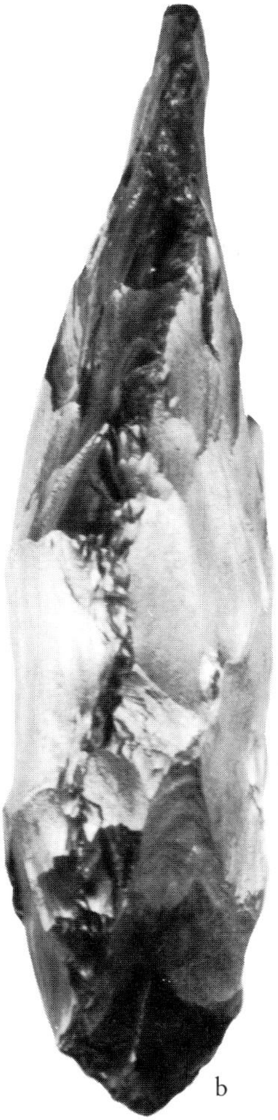

b

c

TAFEL 18

Blattspitze aus den Weinberghöhlen bei Mauern (Bayern).
Natürliche Größe. Photo Prähistorische Staatssammlung München.

1949.786

Monte Circeo, Italien
A.C. Blanc 25.2.1939,
50jähriger NT
Hinterhauptsloch, Türbruch,
Kopf abgetrennt
– San Felice Circeo
„Guattari Grotte
– Verletzung im Schädelbereich → Todesursache
– Steinkreis
– späten Mittelpaläolithikum 70.000

– Isernia, Museo
700.000 Jahre alt
Werkzeuge

Die Zeichnungen Abb. 13; 22–29; 30,1 stammen von Hannelore Bosinski; Tafel 3 nach H. Ackermann, Joachim Neander. Verlag des Presseverbandes der Evangelischen Kirche im Rheinland; die Photos Taf. 13, 17, 18 von H. Lilienthal, Rheinisches Landesmuseum Bonn.